国家出版基金资助项目
国家新闻出版广电总局2015年主题出版项目

中华家训文化工程
Cultural Project of Chinese Family Instructions

中华家训精编

100则

中国地方志指导小组办公室　编

100 Pieces Chinese Family Instructions

修身 劝学 诚信 仁爱 孝悌
廉正 励志 教子 处世 和敬

方志出版社
Publishing House of Local Records

图书在版编目（CIP）数据

中华家训精编：100 则 / 中国地方志指导小组办公室编. -- 北京：方志出版社，2015.5

ISBN 978-7-5144-1627-5

Ⅰ. ①中… Ⅱ. ①中… Ⅲ. ①家庭道德—中国 Ⅳ. ① B823.11

中国版本图书馆 CIP 数据核字（2015）第 106160 号

中华家训精编 100 则

编　　者：中国地方志指导小组办公室
责任编辑：李　静

出 版 人：冀祥德
出 版 者：方志出版社
地址　北京市朝阳区潘家园东里 9 号（国家方志馆 4 层）
邮编　100021
网址　http://www.fzph.org
发　　行：方志出版社发行中心
电话　（010）67110500
经　　销：各地新华书店
排　　版：北京纺印图文设计制作有限公司
印　　刷：北京印刷集团有限责任公司印刷二厂

开　　本：710 × 1000　　1/16
印　　张：21
字　　数：289 千字
版　　次：2015 年 5 月第 1 版　2016 年 2 月第 2 次印刷

ISBN 978-7-5144-1627-5　　**定价**：56.00 元

《中华家训精编100则》
编纂委员会

主　任　李培林

副主任　赵　芮　冀祥德　刘玉宏　邱新立

委　员（按姓氏笔画顺序排列）

于伟平　毛佩琦　田　嘉　史　睿

张大伟　张希清　张英聘　陈　旭

孟宪实　高寿仙

序言

中国有着悠久的历史与灿烂的文化，中华文明有着多种优良特质。在中华文明的优良特质中，家训是一个重要方面，其中的优良传统在今天看来，尤其可贵，并且其内涵仍在拓展丰富。

家庭，是社会的基本细胞，是最基本的社会组织，我们每个人生于兹长于兹，是我们的亲情港湾，也是我们人生的第一所学校。家庭还是中华传统伦理道德文化的起点，传统伦理道德文化大都从家庭出发，主张通过家庭教育影响，通过个人努力修炼，培养个人优秀品德，养成良好习惯，形成处事能力风范。历史上的思想家主张家国一体，强调家国之间的联系，《大学》言“修身、齐家、治国、平天下”，即为该意。

不怕饥寒，怕无家教。中华民族历来重视家庭教育，自古至今，出现了很多优秀的家训、家范。家训，指的是家族祖辈对后代子孙的规箴、训语。中华家训文化历史悠久，源远流长。早在传说中伏羲、黄帝之时，就有类似家训的“教”“戒”等。西周时期，周公因留驻京城辅佐成王，遂让其子伯禽前往鲁国就封。伯禽临行之际，周公以自己“一沐三握发，一饭三吐哺”的躬身实践为例，反复叮嘱伯禽，不能“以国骄人”。这大概是有史记载最早的家训了。两汉时期，儒学独尊，士大夫都非常注重家风、家教，但因史料缺载，当时的家训多为一言半语，比较零碎，不成系统。到了南北朝时期，颜之推撰著《颜氏家训》，是第一部系统、完整的家训之作，为历代士人所推崇，开家训著述之先河。此后，自宋至元明清，家训著作大量出现，传世作品也很多，影响较大的有宋司马光《温公家范》、袁采《袁氏世范》，清朱柏庐《治家格言》、张英《聪训斋语》等。清代甚至出现了家训性质的家书之作，有代表性者如《曾国藩家书》，其中包含很多家训内容，后人专门将之摘抄出来，编为《曾文正公家训》。与此同时，家训著述也越来越社会化，从士大夫之门走入寻常百姓之家，很多家庭、家族都形成了自己的家训，保存于众多家族族谱之中。

从内容上看，中华家训，特别是古代家训受传统伦理道德思想影响，主要为忠孝节义、礼义廉耻、温良恭俭让等，虽然也有落后于现代之旧思想、旧方法，但是，其中更多的仍是强调忠于国事、孝敬父母、友悌兄弟、和顺夫妇、团结亲族、和睦邻里、谨慎交友、严守规约、奉公守法、励志好学、勤奋节俭、谨言慎行、宽仁容让、尊师敬长等中华优秀文化传统内容。这些优秀文化传统，营造了中华民族博大、深厚的精神家园，时至今日，它们仍传递着积极的正能量，感染并影响着中华儿女。马克斯·韦伯说，中国社会是一个家族式结构的社会，而构成家族的正是一个个家庭，家庭才是最基本的社会组成单元。中华家训通过家庭教育的方式，将这些优秀文化传统，直接传递给每一个家庭，传递给一代代中华儿女，一方面保留、丰富了中华悠久的传统文化内容，另一方面，也在客观上发挥了弘扬优秀传统文化的重要作用。家训广泛流布于民间百姓之中，口耳相传，在传统社会中，其所发挥的作用是最实在、最广泛的，其所产生的影响是其他很多典籍所无法企及的。可以说，正是由于有了像中华家训这样的文化典籍和载述形式，中华民族的主要根脉和优秀基因才得以一代一代、永不断续地传承下来。

近代以来，许多仁人志士、革命先烈在投身救国救民运动的同时，通过书信等方式劝诫自己的亲属勉学努力、端正做人，又给中华家训文化增添了许多富有时代气息的新内容。

在经济社会日益发展的今天，弘扬中华家训、培育家庭美德尤其具有重要的现实意义。30 多年来，中国创造了举世瞩目的发展奇迹，已成为世界第二大经济体，物质财富极大丰富，人民生活水平有了巨大提高，相应地，我们也应该深入发掘和弘扬中华文明中潜在的巨大文化软实力，让中华儿女具有更高尚、更远大的精神追求。党的十八大以来，党中央从坚持和发展中国特色社会主义全局出发，提出全面建成小康社会、全面深化改革、全面依法治国、全面从严治党的战略布局。这一战略目标的实现离不开对中华传统文化精髓的提炼与汲取，尤其是在实施全面从严治党的过程中，作为中华传统文化组成部分的家训，可以从家庭这一社会最基本的构成单元着手，发挥其弘扬美德、教化育人的作用。

“家是最小国，国是千万家”。家道正，则天下定。习近平总书记特别强调家庭建设的重要性，指出良好的家教教育不仅能够影响到家风、社风的形成，在党风、政风建设上也能发挥积极作用。2015 年 2 月 17 日，习近平总书记在春节团拜会上指出，家和万事兴、天伦之乐、尊老爱幼、贤妻良母、相夫教子、勤俭持家等，体现了中国人对家庭、对亲情的重视。他强调，不论时代发生多大变化，不论生活格局发生多大变化，我们都要重视家庭建设，注重家庭，注重家教，注重家风，结合培育和弘扬社会主义核心价值观，发扬光大中华民族传统家庭美德，使千千万万个家庭成为国家发展、民族进步、社会和谐的重要基点。2 月 27 日，习近平总书记在主持召开中央全面深化改革领导小组第十次会议时，特别指出，领导干部的家风，不是个人小事、家庭私事，而是领导干部作风的重要表现。各级党委（党组）要重视领导干部家风建设，把它作为加强领导班子和领导干部作风建设的一项重要内容，定期检查有关情况。2 月 28 日，习近平总书记在会见第四届全国文明城市、文明村镇、文明单位和未成年人思想道德建设工作先进代表时再次强调，要大力弘扬中华民族优秀传统文化，大力加强党风政风、社风家风建设，特别是要让中华民族文化基因在广大青少年心中生根发芽。

为了贯彻落实习近平总书记关于弘扬中华传统文化，加强家风家教建设的系列讲话精神，服务当前反腐倡廉、党风廉政建设和文化软实力建设，助推中华复兴梦实现，中国地方志指导小组办公室专门组织人员深入挖掘、整理中华家训传统文化，编纂了《中华家训精编 100 则》。编纂者从古代名家到现当代革命家、仁人志士的家训或者家训性质的文献中，精挑细选，筛选出 100 则经典家训。按照修身、励志、劝学、诚信、廉正、仁爱、孝慈、教子、和敬、处世 10 个部类进行编排，每个部类 10 则，辅以注释、译文、作者简介、评析、家教故事等，并配以图画、书法作品，文字简洁凝练，内容深入浅出，形式图文并茂，以期达到“教化之流，家至人说”之效果。

我认为，编纂《中华家训精编 100 则》，是发掘历史智慧的一次积极尝试，是弘扬社会主义核心价值观的一次有益探索，也是今人借鉴与传承中华文化优秀传统的一条新路径。

是为序。

中国社会科学院院长
中国地方志指导小组组长 王伟光

2015 年 6 月 6 日

编辑说明

一、指导思想。以马克思列宁主义、毛泽东思想、邓小平理论、“三个代表”重要思想和科学发展观为指导，深入贯彻习近平总书记系列重要讲话精神，坚持辩证唯物主义和历史唯物主义立场、观点和方法，为发扬光大中华民族传统家庭美德，培育和弘扬社会主义核心价值观提供历史智慧和借鉴。

二、收录范围。本书从先秦至现代的中华家训中精选 100 则，基本出自名人名典，涉及人物 63 人。

三、总体结构。全书设修身、励志、劝学、诚信、廉正、仁爱、孝慈、教子、和敬、处世 10 个主题，每个主题下收录 10 则家训，后附 2—4 个家教故事。

四、体例要求。每则家训按照标题、原文、注释、译文、作者简介、评析排列。每则家训的标题，部分系摘自家训原文中的佳句，部分系根据家训原文内涵概括而成。注释是对家训原文中疑难词句或名物典故进行解释。白话文家训不设译文，但对文中引用的名物典故予以注释。评析是对家训背景、主旨及相关内容所作的简要评论。家教故事是根据每个主题内涵精选设置。

五、编排顺序。家训条目按照家训作者在世朝代的先后排序。

六、纪年方法。民国以前的纪年，先书历史纪年，括注公元纪年。民国以后（包括民国）的纪年，用公元纪年。

七、行文用字。本书行文用字以 2013 年 6 月发布的《通用规范汉字表》和 1986 年 10 月国家语言文字工作委员会发布的《简化字总表》为准。对于人名、地名、书名及古籍中的繁体字、生僻字、异体字，一般使用简化字或通用字替换，个别易产生歧义或引起误解的，则依旧保持原有繁体字或异体字。

八、数字标点。本书遵循国家标准规定，书中数字使用以 GB/T15835—2011《出版物上数字用法》为准，标点符号使用以 GB/T15834—2011《标点符号用法》为准。

九、注释方式。本书在编纂过程中所参考的重要资料，随文标注序号，以脚注的方式标注。

目录

修　身

励　志

劝　学

诚　信

廉　正

仁　爱

孝　慈

教　子

和　敬

处　世

修身

修身
乙未春哲野製

第 1 则

淡泊明志　宁静致远

【原文】

夫君子之行，静以修身，俭以养德。非淡泊[①]无以明志，非宁静无以致远。夫学须静也，才须学也。非学无以广才，非志无以成学。淫慢则不能励精[②]，险躁则不能治性[③]。年与时驰，意与日去，遂成枯落，多不接世[④]。悲守穷庐，将复何及？

——〔三国〕诸葛亮《诫子书》

【注释】

① 淡泊：恬淡寡欲，不追求名利。

② 励精：振奋精神。

③ 治性：修性、养性。

④ 接世：即济世，指对社会有所作为，对社会有益。

【译文】

德才兼备之人的所做所为，是依靠内心宁静集中精力来修养身心的，是依靠俭朴的作风来培养品德的。不恬淡寡欲就不能表明自己的志向，不安宁清静就不会有远大的理想。学习必须专心致志，才干必须通过学习方能获得。不努力学习就不能有广博的才干，不明确志向就不能在学习中获得成就。放纵怠惰就不能振奋精神，轻薄浮躁就不能陶冶品性。年华随时间流逝，意志随岁月消磨，就会像枝枯叶落一样，大多对社会没有什么用处。到那时守着贫穷的小屋，悲伤后悔叹息，又怎么来得及呢？

【作者简介】

诸葛亮（181—234），三国蜀汉政治家、军事家。字孔明，琅邪阳都（今山东沂南县南）人。东汉末，隐居邓县隆中（今湖北襄阳市西北），留心世事，被称为“卧龙”。东汉建安十二年（207），刘备三顾草庐，他向刘备提出占据荆（今湖南、湖北）、益（今四川、重庆）两州，谋取西南各族统治者的支持，联合孙权，对抗曹操，统一全国的建议，即所谓“隆中对”。从此成为刘备的主要谋士。刘备逝世后，诸葛亮辅佐蜀汉后主刘禅，主持国政，治理有方。诸葛亮在世时被封为武乡侯、益州牧，卒后谥曰忠武侯。后来的东晋政权为了推崇诸葛亮的军事才能，特追封他为武兴王。著有《诸葛亮集》，代表作有《前出师表》《后出师表》《诫子书》等。

【评析】

《诫子书》是诸葛亮晚年给儿子诸葛瞻的一封家书。它从人的志向、学习入题，讲的是学习成才的大道理。《诫子书》对于人们立身、治学皆有启迪，已经成为历代学子修身立志引为鉴诫的名篇。其“淡泊明志，宁静致远”“静以修身，俭以养德”等理念，已成为中华民族传统文化的精髓，至今仍有着积极的教育意义，特别是对个人修养的提高，行为习惯的养成等，具有重要意义。同时，文中最后对人生短暂、壮志难酬的浩然长叹，也足以警醒世人珍惜生命的分分秒秒，建功立业，以免老大无成，追悔莫及。《诫子书》可谓是一篇充满智慧之语的家训，是古代家训中的名篇。[1]

[1] 参见陈才俊主编，谷淑梅注译：《中国家训精粹》，海潮出版社，2011 年 7 月版，第 53 页。

第 2 则

欲不可纵　志不可满

【原文】

《礼》云："欲不可纵，志不可满。"宇宙可臻其极，情性不知其穷，唯在少欲知足，为立涯限①尔。先祖靖侯戒子侄曰："汝家书生门户，世无富贵，自今仕宦不可过二千石②，婚姻勿贪势家。"吾终身服膺③，以为名言也。

天地鬼神之道，皆恶满盈，谦虚冲损，可以免害。人生衣趣以覆寒露，食趣以塞饥乏耳。形骸之内，尚不得奢靡，己身之外，而欲穷骄泰邪？周穆王、秦始皇、汉武帝④富有四海，贵为天子，不知纪极⑤，犹自败累，况士庶乎？

——〔北齐〕颜之推《颜氏家训·止足》

【注释】

① 涯限：涯，边际。限，界限。涯限，即极限。

② 二千石：泛称中品的官秩。南朝梁武帝天监初定九品官秩，以第四、五品为

二千石。

③ 服膺（yīng）：膺，即胸。服膺，即衷心信服，并牢记在心。

④ 周穆王、秦始皇、汉武帝：分别为西周、秦朝、西汉的帝王。

⑤ 纪极：终极，限度。

【译文】

《礼记》说：“欲不可以放纵，志不可以满盈。”宇宙尚且有尽头，人的性情欲望则没有个尽头。只有少欲知足，立个限度。先祖靖侯教诫子侄说：“你家是书生门户，世代没有出现过大富大贵，从今做官不可超过二千石，婚姻不能贪图权势之家。”我衷心信服并牢记在心，视之为至理名言。

天地鬼神之道，都厌恶满盈，谦虚贬损，可以免除祸患。人生穿衣服的目的是覆盖身体以免寒冷，吃东西的目的在于填饱肚子以免饥饿乏力而已。形体之内，尚且不可奢侈浪费，自身之外，还要极尽骄恣放纵吗？周穆王、秦始皇、汉武帝富有四海，贵为天子，不懂得适可而止，尚且招致失败的祸害，何况普通百姓呢？

【作者简介】

颜之推（531—约595），北齐文学家。字介，琅邪临沂（今属山东）人，初仕梁元帝为散骑侍郎。江陵为西魏军所破，投奔北齐，官至黄门侍郎、平原太守。齐亡入周，为御史上士。隋开皇中，太子召为学士，以疾卒。有《颜氏家训》传世，以儒家传统思想为立身治家之道。

【评析】

《颜氏家训》共20篇，是一部颇有影响的古典名著，始作于北齐，成书于隋朝。主要叙述立身的治家之法，辩证时俗之谬，以儒家思想教训子孙。这是颜之推一生关于士大夫立身、治家、处事、为学的经验总结，“篇篇药石，言言龟鉴”，在封建家庭教育发展史上占有重要的地位，有“古今家训，以此为祖”之誉。本则家训是《止足》篇的节录，文中颜氏告诫子孙，要少欲知足，并用事例说明若私欲膨胀，就会招致灾祸，要子孙“欲不可纵，志不可满”。这是一篇很有哲理的家训。[1]

[1] 参见谢宝耿编著 :《中国家训精华》，上海社会科学院出版社，1997年12月版，第6—8页。

第3则

终身让路　不枉百步

【原文】

终身让路，不枉百步，终身让畔[①]，不失一段。

——〔唐〕朱仁轨《诲子弟言》

【注释】

① 畔（pàn）：田界。

【译文】

一辈子给他人让路，不会枉走一百步；一辈子给别人让田界，也不会使自己的田界失掉一大段。

【作者简介】

朱仁轨（生卒年不详），唐代逸民。字德容，永城（今河南商丘南永城市）人，终生未仕，隐居养亲，死后私谥曰孝友先生。

本则家训是朱仁轨对子弟的家教。

【评析】

礼让，是中华民族的一种传统美德，也是一个人修身养性的必修课。提倡礼让，可以减少或避免人与人之间的冲突、争斗，防止矛盾激化。这段教诲言简意赅，可视为人们修身养性的座右铭。[1]

[1] 参见谢宝耿编著：《中国家训精华》，上海社会科学院出版社，1997 年 12 月版，第 193 页。

第 4 则

谏人之短　平心静气

【原文】

亲戚故旧，因言语而失欢者，未必其言语之伤人，多是颜色辞气暴厉，能激人之怒。且如谏[1]人之短，语虽切直，而能温颜下气，纵不见听，亦未必怒。若平常言语，无伤人处，而词色俱历，纵不见怒，亦须怀疑。古人谓"怒于室者色于市[2]"，方其有怒，与他人言，必不卑逊。他人不知所自[3]，安得不怪！故盛怒之际与人言语尤当自警。前辈有言："诫酒后语，忌食时嗔，忍难耐事，顺自强人。"常能持此，最得便宜。

——〔宋〕袁采《袁氏世范·处己》

【注释】

① 谏：规劝。

② 市：交易物品的场所，此处指私室外的公共场所。

③ 所自：由来，来源。

【译文】

亲朋好友，故交旧识，因为说话不当而交情破裂的，未必都是因为说了伤害别人的话。很多是因为态度、言词、语气过于粗暴，所以激起了别人的愤怒。比如规谏别人的短处，话语虽然中肯率直，却能和颜悦色，纵使不被对方听取，也不至于惹怒对方。平常说话，本没有伤人的地方，而言辞声色都很严厉，即使不惹对方恼怒，也会让人怀疑。古人说："在家里生气后，难免要把怒色带到外面去。"正值他生气的时候，和别人说话，一定不会表示谦逊。别人不知道是什么缘由，怎么能不奇怪呢！因此在大怒的时候和别人说话更应该警惕，不要伤害了别人。前辈曾经说过："喝酒后诫说话，吃饭时忌生气，能忍受难以忍受的事，不与自以为是的人争论。"能经常坚持这样做，对自己是有好处的。

【作者简介】

袁采，生年不详，卒于宋庆元元年（1195），字君载，衢州（今属浙江衢州）人。著有《政和杂志》《县令小录》和《世范》三书，今只有《世范》传世。宋隆兴元年（1163）进士，官至监登闻鼓院。《衢州府志》称其"登进士第，三宰剧邑，以廉明刚直称"。淳熙五年（1178），任乐清县令。在乐清县令任上，为官刚正，并重建县学，纂修的《乐清县志》10 卷，为乐清最早的县志。

袁采自小受儒家思想熏陶，才德并佳，时人称其"德足而行成，学博而文富"。步入仕途以后，袁采以儒家之道理政，以廉明刚直著称于世，而且很重视教化一方。在任乐清县令时，他感慨当年子思在百姓中宣传中庸之道的做法，于是撰写《袁氏世范》一书用来践行伦理教育，美化风俗习惯。

【评析】

宋代以前的家训，虽数量不少，但大多意求“典正”，不以“流俗”为然。而袁采的这部家训，却一反前人，立意“训俗”，书成之后，初定书名为《俗训》，明确表达了“厚人伦而美习俗”的宗旨。后来，袁采请他的同窗好友、权通判隆兴军府事刘镇为家训作序，刘镇在序中称赞袁采的这部书，“其言精确而详尽，其意则敦厚而委屈，习而行之，诚可以为孝悌，为忠恕，为善良而有士君子之行矣”。他认为这部家训不仅可以施之于袁采当时任职的乐清一县，而且可以“远诸四海”；不仅可以行之一时，而且可以“垂诸后世”“兼善天下”，成为“世之范模”，于是建议将此书名改为“世范”，《袁氏世范》由此得名。

谈话也是门艺术，有些话自某些人嘴里说出，亲切婉转，使人如沐春风；自另一些人嘴里说出，暴厉生硬，让人难以接受。尤其是劝说别人，更要讲究方式，注重分寸，和颜悦色，循循善诱，动之以情，晓之以理，这样更容易达到劝说的目的。这是袁采告诫后人在修养方面应注意的事项。[1]

[1] 参见王新龙编著：《中华家训》（卷二），中国戏剧出版社，2009年8月出版，第37—38页。

第 5 则

悔前莫如慎始　悔后莫如改图

【原文】

悔前莫如慎始，悔后莫如改图[①]。

——〔明〕吕坤《呻吟语·应务》

【注释】

① 图：打算。

【译文】

后悔以前发生的过错，不如一开始就小心谨慎；担心做错事而后悔，不如及早改变打算。

【作者简介】

吕坤（1536—1618），字叔简，一字心吾或新吾，宁陵（今河南商丘市宁陵县）人。明万历进士，曾任户部郎中，官至刑部左、右侍郎。因不满朝政，遂称疾乞休，家居20年，以著述讲学为务。著有《呻吟语》《去伪斋文集》等。

【评析】

吕坤家教的主要内容是强调闺门之教，以修内治，告诫子孙耕田读书，勤俭持家，安分守己，力戒淫暴，宽以待人等。本则家训选录《呻吟语》中一段，告诫后人要慎始善终。[1]

[1] 参见谢宝耿编著:《中国家训精华》，上海社会科学院出版社，1997年12月版，第26—27页。

第 6 则

病从口入　祸从口出

【原文】

病从口入，祸从口出，凡饮食不知节，言语不知谨，皆自贼[1]其身，夫谁咎[2]？

——〔明〕庞尚鹏《庞氏家训·严约束》

【注释】

① 贼：伤害、危害。

② 咎：责备。

【译文】

疾病大多由口带入体内，祸害大多从口中惹出来。凡是饮食不知节制，言语不知谨慎，都是自己在伤害自己，能怪谁呢？

【作者简介】

庞尚鹏（1524—1580），明代官吏，字少南，广东南海（今广东佛山市南海区）人。嘉靖三十二年（1553）进士，曾任江西乐平知县、右佥都御史、福建巡抚等。他性情耿直，敢于抵制贪淫的不法官吏，颇有政绩，卒谥惠敏，民间为之立祠祭祀。著有《殷鉴录》《卧游录》《百可亭摘稿》《庞氏家训》等。

【评析】

《庞氏家训》共分“务本业”“考岁用”“遵礼度”等六章，从人生理想、品德修养、从师问业、勤劳节俭，到待人接物、立身处世等方面，对子孙给予全面而具体的训教。本则家训是《严约束》篇的节录，文中教诲子孙注意节制饮食，注意言语谨慎，防止“病从口入，祸从口出”。这则家训训导家人要自重自爱。[1]

[1] 参见谢宝耿编著：《中国家训精华》，上海社会科学院出版社，1997年12月版，第140—141页。

第 7 则

施惠无念　受恩莫忘

【原文】

施惠无念，受恩莫忘，凡事当留余地，得意不宜再往[1]。人有喜庆，不可生妒忌心；人有祸患，不可生喜幸心，善欲人见，不是真善；恶恐人知，便是大恶。

——〔清〕朱柏庐《朱子治家格言》

【注释】

① 再往：继续前往，继续下去。

【译文】

帮助了别人，不要念念不忘；受了别人的恩惠，不要忘记报答。做一切事情应当留有余地，得意时须知足。别人有喜庆之事，不要有妒忌之心；别人有祸患，不可幸灾乐祸。做了善事即想别人知道，这不是真正的善良；做了坏事又恐别人知道，那就是更大的罪恶。

【作者简介】

朱柏庐（1617—1698），名用纯，字致一，自号柏庐，清初江南昆山（今江苏苏州昆山市）人。明代生员，隐居不求仕宦。清初居乡教授程朱理学，提倡知行并进，学生甚众，著有《愧讷集》《朱子治家格言》等。

【评析】

《朱子治家格言》是我国古代的家教名篇，清代曾将它定为蒙学课本，流传极广。它虽仅有500多字，却以格言警句的形式，讲了许多处世、治家、修身之道。本则家训节录有关德行方面的内容，其中“施惠无念，受恩莫忘”“善欲人见，不是真善”等，告诫后人，要培养助人为乐、知恩图报的美德修养。[1]

[1] 参见谢宝耿编著：《中国家训精华》，上海社会科学院出版社，1997年12月版，第206—207页。

第 8 则

满招损　谦受益

【原文】

吾于道光十九年十一月初二进京散馆[①]，十月二十八日早，侍祖父星冈公于阶前，请曰："此次进京，求公教训。"星冈公曰："尔的官是做不尽的，尔的才是好的，但不可傲。'满招损，谦受益'[②]，尔若不傲，更好全了。"遗训不远，至今尚如耳提面命[③]。今吾谨述此语告诫两弟，总以除"傲"字为第一义。

——〔清〕曾国藩《曾国藩家书》

【注释】

① 散馆：明清时翰林院设庶常馆，新进士朝考得庶吉士资格者入馆学习，三年期满举行考试后，成绩优良者留馆任职，或授以翰林院编修、检讨之职，其余分发各部为给事中、御史、主事，或出为知县，谓之"散馆"。

② 满招损，谦受益：语出《尚书·大禹谟》。意为：骄傲自满招来损失，谦逊虚心得到好处。

③ 耳提面命：语出《诗经·大雅·抑》："匪面命之，言提其耳"。意为：不但当面指教，而且提着耳朵叮嘱，希望永不忘记。形容教诲殷切。

【译文】

我于道光十九年（1839）十一月初二进京散馆，十月二十八日早在台阶前陪侍祖父星冈公时，向他请求："这次进京，请您给我一些教诲。"星冈公说："你做官的前程是远大的，你的才能是好的，但不可骄傲。骄傲自满会招来损失，谦逊虚心会有所收益，你如果能做到不骄傲，就更好更全面了。"祖父的遗训时时在眼前，至今仍如耳提面命，今天我特地把这段话写出来告诫两位弟弟，希望你们始终把戒除"傲"字摆在第一位。

【作者简介】

曾国藩（1811—1872），清末洋务派和湘军首领。镇压太平天国革命的清军统帅。原名子城，后改国藩，字伯涵，号涤生，湖南湘乡白杨坪（今属双峰）人。道光进士，曾任内阁学士兼礼部侍郎等职，卒后谥曰文正。曾氏是中国近代史上非常显赫的人物，在教育子女方面也获得了较大的成功。由于他教子有方，儿孙个个自强成材。儿子曾纪泽诗、文、画俱佳，又通英文，成为清末著名的外交家；曾纪鸿研究古算学取得相当成就；其孙曾广钧是有名的诗人；其曾孙女曾宝荪、曾孙曾约农是有影响的教育家和学者。曾国藩家教对近现代社会影响极大。曾氏留下家书为历代最多者。后人编纂为《曾文正公家训》《曾国藩教子书》等。

【评析】

本则家训为《曾国藩家书》中有关培养谦逊品性内容的节录，录自曾国藩咸丰十年（1860）十月二十四日写给兄弟的家书。文中教诲他们不要骄傲自满，要谦逊待人。[1]

[1] 参见谢宝耿编著:《中国家训精华》，上海社会科学院出版社，1997 年 12 月版，第 164—165 页。

第9则

己所不欲　勿施于人

【原文】

以己之心，度人之心，公德也；己所不欲，勿施于人[①]，公德也；互相利赖，尽其在我，公德也；千万人之事，应遵千万人共守之纪律，公德也；有利于社会国家之事，率先倡之行之，有害于社会国家之事，率先改之除之，是尤公德之大者也。凡此所举，自小及大，勉而行之，进乎上德矣。

——〔民国〕冯玉祥《冯玉祥选集·冯氏族约》

【注释】

① 己所不欲，勿施于人：语出《论语·颜渊》，意为自己不喜欢的，不要强加给别人。

【作者简介】

冯玉祥（1882—1948），字焕章，原名基善，安徽巢县（今安徽合肥巢湖市）人，中国国民党爱国将领。曾任北洋陆军检阅使等职。1924年发动北京政变，将所部改为国民军，电邀孙中山北上，并将清废帝溥仪逐出紫禁城。1926年9月，宣布脱离北洋军阀，响应北伐。1927年5月任国民革命军第二集团军总司令。“九一八事变”后，积极主张抗日。1933年5月与中国共产党合作，任张家口抗日同盟军总司令。1946年出国考察水利，1948年9月应中共中央邀请回国参加新政治协商会议筹备工作，途中因轮船失火遇难。著有《冯玉祥文选》《冯氏族约》等。冯氏对家教颇为重视，多次写信对儿子、女儿、女婿进行训诫，要他们言谨性善、真诚不虚，勤俭耐苦、有学有德。还“师古人箴规之义”，撰著《冯氏族约》，计得“宜守者十二事，宜戒者八事”，告诫族人严格遵守执行。

【评析】

本则家训是冯玉祥所著《冯氏族约》中“宜守者宜戒十二事”第十二条。冯氏教诲族人树立良好美德，要“讲兼爱”“重博爱”，“己所不欲，勿施于人”，做一个有利于国家和社会的人。这些家训对于弘扬传统道德有积极意义。[1]

[1] 参见谢宝耿编著：《中国家训精华》，上海社会科学院出版社，1997年12月版，第221—222页。

第10则

雪中送炭惟吾愿

【原文】

对人，要做“雪中送炭”[①]的事情；雪中送炭惟吾愿。

——〔当代〕习仲勋写给子女的家训

【注释】

① 雪中送炭：在下雪天给人送炭取暖。比喻在别人急需时给予物质上或精神上的帮助。出自宋人范成大《大雪送炭与芥隐》诗：“不是雪中须送炭，聊装风景要诗来。”

【作者简介】

习仲勋（1913—2002），生于陕西省富平县，中国共产党的优秀党员，伟大的共产主义战士，杰出的无产阶级革命家，我党、我军卓越的政治工作领导人，陕甘边区革命根据地的主要创建者和领导者之一。新中国成立后主持西北党、政、军全面工作 。1952 年 9 月，调任中共中央宣传部部长兼政务院文化教育委员会副主任、党组书记。1959 年 4 月任国务院副总理兼秘书长，负责国务院常务工作 。中国共产党第十一届中央委员会书记处书记，第十二届中央政治局委员、书记处书记，第五、第七届全国人民代表大会常务委员会副委员长。

【评析】

本则家训是习仲勋在子女年幼时常常教育子女的话，并且不止一次写给子女们 :“雪中送炭惟吾愿。”“雪中送炭”的待人情怀不但贯穿了他自己的一生，也给子女立下了一生待人的准则，体现了老一辈无产阶级革命家的高尚情怀，树立了“家风”好典范。[1]

[1] 参见习远平 :《父亲往事——忆我的父亲习仲勋》,《中国青年报》,2013 年 10 月 11 日，第 1 版。

【修身故事之一】

正己先正心

苏东坡与佛印禅师是很好的朋友，他们经常在一起参禅悟道。一天，他们又斗起禅机来了。苏东坡先问："和尚，你看我像什么？"佛印禅师毫不犹豫地回答："学士像一尊佛。"

接着，佛印禅师反问苏东坡："你看老僧像什么？"苏东坡见佛印禅师胖胖的，穿一件黑色僧袍，盘腿坐在那里黑乎乎的一堆，便说："和尚像一堆牛粪。"佛印禅师听了并不嗔怪，只是微笑不语，还悠然自得地闭目养神。

苏东坡回家后高兴地将事情经过告诉他的妹妹苏小妹，说："我与和尚斗禅机，总是输给他，今天总算赢了一回。"苏小妹听后却说："哥哥你自以为大获全胜，其实今天你又输了！"

苏东坡惊问："此话怎讲？"苏小妹说："佛印禅师内心纯净而光明，好像有佛光照耀，所以看谁都像是佛。哥哥的内心好像比较阴暗，还可能有污秽，所以看禅师像一堆牛粪。你们二人的内心境界谁高谁低，不是一目了然吗？"东坡非常羞愧。[1]

[1] 参见康桥、王坤著：《我要笑傲人生：苏东坡》，上海远东出版社，2009年8月版，第178—179页。

【修身故事之二】

宽容大度　与人为善

杨翥在明宣宗时任翰林院检讨，代宗时任礼部尚书，当时全家住在京城。时人都称其“厚德”，推之为最。他时常教育家人，一定不要与邻里亲朋斤斤计较。有一次，邻居家丢了一只鸡，怀疑是杨翥家所偷，便点着杨姓在外面大骂。家人没偷邻家的鸡，自然不服气，要出去跟邻居争辩，杨翥不许，说：“街坊中又不是只我们一家姓杨。”

又一个邻居家中住房十分狭小，遇下雨天，就往杨翥家排水。因此一遇雨天，杨翥家就受害不浅。家里人把这事告诉杨翥，要他跟邻居交涉，设法不让邻家往自己家中排水。杨翥耐心劝告他们说：“毕竟是晴天多，雨天少，让他家排水又能有多大危害呢？”在他的潜移默化影响下，家人待人处世都比较宽容大度。[1]

[1] 参见陆林主编：《中华家训大观》，安徽人民出版社，1994年8月版，第640页。

（于伟平辑录）

励志

励志飞来春哲野製

第 11 则

人之进道　唯问其志

【原文】

人之进道，唯问其志，取必以渐，勤则得多。山霤[①]至柔，石为之穿；蝎虫至弱，木为之弊[②]。夫霤非石之凿，蝎非木之钻，然而能以微脆之形，陷坚刚之体，岂非积渐之致乎？训曰："徒学知之未可多，履[③]而行之乃足佳。"

——〔汉〕孔臧《与子琳书》

【注释】

① 霤（liù）：同溜，本义为从屋顶顺流而下的雨水；山霤：山上流淌下来的水。

② 弊：破坏，敝的通假字。

③ 履：躬行，亲身去实践。

【译文】

人进修道业，最关键的是看他的志向，要进取必须用循序渐进的方法，勤奋不辍，就会收获很多。山涧水流的能量是极其柔弱的，但可以穿破石头；蝎虫的力量是极其弱小的，但可以破坏树木。山涧水流不是能凿石头的凿子，蝎虫也不是能钻树木的钻子，却能以微小柔弱的形体，攻破坚硬刚强的东西，难道不是日积月累慢慢达到的吗？古训曾经说过："仅仅满足于书本知识的获得并不值得称赞，能够亲自实践者才是值得称道的。"

【作者简介】

孔臧（约前 201—前 123），汉代辞赋家。孔子第十一代孙。少以博学多才知名。汉文帝九年（前 171）嗣封蓼侯。汉武帝元朔二年（前 127）迁御史大夫，辞不就任，愿为太常。《汉书·艺文志》著录孔臧赋 20 篇。《旧唐书·经籍志》《新唐书·艺文志》均载《孔臧集》2 卷。严可均辑《全汉文》卷十三录有孔臧的两封书信。

【评析】

本则家训是孔臧给儿子孔琳的家信节录。文中运用两个很形象的比喻，告诫儿子只要树立坚定的志向，循序渐进，持之以恒，做任何事情都能获得成功。孔臧还讲到学以致用方为贵的道理。认为学习知识，掌握学问，目的不外乎致用。知行合一，理论与实践相结合，并在实践中完善和丰富理论与学问，才是学习书本知识的根本目的。父母的拳拳之心，溢于言表。[1]

---

[1] 参见谢宝耿编著：《中国家训精华》，上海社会科学院出版社，1997 年 12 月版，第 64—65 页。

第12则

志存高远　坚定不移

【原文】

夫志当存高远，慕先贤，绝情欲，弃凝滞[①]，使庶几[②]之志，揭然[③]有所存，恻然有所感。忍屈伸，去细碎，广咨问，除嫌吝，虽有淹留[④]，何损于美趣？何患于不济？若志不强毅，意不慷慨，徒碌碌滞于俗，默默束于情，永窜伏[⑤]于凡庸，不免于下流[⑥]矣。

——〔三国〕诸葛亮《诫外生书》

【注释】

① 凝滞：阻碍。

② 庶几：指好学上进可以成才的人。

③ 揭然：清晰而凸显的样子。

④ 虽有淹留：淹留，滞留。本句意思为即使有才德而不被重视，仕途一时受到影响。

⑤ 窜伏：逃匿、隐藏。

⑥下流：指地位微贱的人。

【译文】

为人应当胸怀崇高、远大的志向，仰慕先贤的所作所为，断绝私欲邪念，抛弃阻碍前进的因素，使自己好学上进以成才、崇高志向清晰地存于心中，并不断地用它来激励自己。要忍受逆境和顺境的考验，抛开琐碎的杂事，广泛地向别人请教，摒弃与他人的仇恨和耻辱的心思。这样即便才德一时不为世人所重视，仕途一时受到影响，对自己的志向有什么伤害呢？又何必担心终无所成？如果志向不坚韧弘毅，意志不激扬慷慨，只是碌碌无为，为世俗所牵绊，默默无闻为世情所束缚，那势必要长时间沦为平庸凡俗，流于平凡微贱。

【评析】

诸葛亮治国有术，治家也有方。诸葛亮的《诫外生书》，虽然文字不长，但内容丰富，其核心内容是树立志向，并指出这种志向的具体内涵和实现的途径，即实现高远志向的重要前提是坚韧的毅力，而忍屈伸、去细碎、广咨问、除嫌吝，则是实现高远志向的关键。文章还从正反两方面阐述了立大志和"志不强毅"所带来的不同结果：有了高尚的志趣，即使不能显德于世，对一个人的美德也没有大的损害，才是真正的有志者，更何况"有志者，事竟成"；如果不立志或志向不坚强弘毅，总是被世俗的权势、利禄、享乐所牵累、所束缚，其结果必然是成为一个平庸的人。今天重读《诫外生书》，对于年轻人的立志勤学、建功立业、报效国家，仍有较强的借鉴价值。

这一篇家训可以结合诸葛亮的《诫子书》一起阅读，两篇在内容上可以互相补充，互相启发。[1]

---

[1] 参见谢宝耿编著：《中国家训精华》，上海社会科学院出版社，1997 年 12 月版，第 64—65 页。

第13则

志立于心 成于行

【原文】

人无志，非人也。但君子用心，所欲准行，自当量其善者，必拟议而后动。若志之所之[①]，则口与心誓，守死无二，耻躬不逮，期于必济。若心疲体懈，或牵于外物，或累于内欲，不堪近患，不忍小情，则议于去就[②]；议于去就，则二心交争；二心交争，则向所以见役之情胜矣。或有中道而废，或有不成一匮[③]而败之。以之守则不固，以之攻则怯弱，与之誓则多违，与之谋则善泄。临乐则肆情，处逸则极意。故虽繁华熠耀，无结秀之勋；终年之勤，无一旦之功，斯君子所以叹息也。若夫申胥[④]之长吟，夷齐[⑤]之全洁，展季[⑥]之执信，苏武[⑦]之守节，可谓固矣。故以无心守之安，而体之，若自然也，乃是守志之盛者也。

——〔三国〕嵇康《家诫》

【注释】

① 志之所之：志向所在。

② 去就：去，离开；就，接近。文中指做与不做。

③ 匮：通“篑”，盛土的竹筐。

④ 申胥：即申包胥，春秋时期楚国贵族，又称王孙包胥。楚君蚡冒的后代，申氏，名包胥，又写作勃苏。楚昭王十年（前 506），吴国用伍子胥的计谋攻打楚国，他到秦国求救，在宫廷痛哭七日七夜，最终说服秦王出兵救楚。

⑤ 夷齐：即伯夷、叔齐。伯夷，商末孤竹君长子，墨胎氏。孤竹君以次子叔齐为继承人，孤竹君死后，叔齐不肯继位，让于伯夷，他不受。后来二人投奔到周，反对周武王出兵讨伐商王。武王灭商后，他们不食周朝俸禄，逃入首阳山饿死。

⑥ 展季：即展禽。春秋时期鲁国大夫。展氏，名获，字禽。食邑在柳下，谥惠，后世称柳下惠，以执着坚守贵族礼节而著称。

⑦ 苏武：字子卿，西汉杜陵（今陕西西安市长安区东）人。天汉元年（前 100）奉命出使匈奴被扣，匈奴贵族多方诱降，他守节不移；后又把他迁到北海（今贝加尔湖）边牧羊。在匈奴 19 年，坚贞不屈。后因西汉与匈奴和解被放回。“苏武节”成为坚贞不屈、矢志不渝的象征。

【译文】

人如果没有志向，那就不能算作一个真正的人。但君子运用心志的时候，是有一定准则的，要衡量它好的方面，做任何事情一定要事前策划好才去做。假如心里想做什么，能心口如一，至死不二，以达不到目标为羞耻，希望一定能实现想做的事情。如果身心感到疲惫，体力松懈，那是由于或者被外物所牵绊，或者被内欲所困扰，不能承受目前的忧愁，不能控制因小事所引起的情感波动，这种情况下就会考虑去做还是不做了。一旦考虑这些，就会产生两种不同的心态相互斗争；一旦两种心态相互斗争，那么原来被自己驱使的心情就占了上风。有的半途而废，有的功亏一篑而功败垂成。用这样的心态来守志就会不坚固，用这样的心态进取就会胆怯柔弱，用这样的心态立誓就会大多违誓，用这样的心态谋划就会容易泄密。这样，遇到愉悦的场面就会放荡情怀，处于舒适的环境就会为所欲为。所以，即使这样的人天资很好，但也不会取得好的结果；一年到头的辛勤劳作，也不会有一点功劳，这是君子为之叹惜的原因。至于像申包胥向秦求救兵的日夜啼哭，像伯夷、叔齐不食周朝的俸禄，最终饿死首阳山那样品性高尚纯洁，像柳下惠那样的坚守诚信，像苏武那样的固守节操，都可以说是守志不移了。所以用没有二心固守志向，才心安理得，出于自然，才算是固守志向的佼佼者啊。

【作者简介】

嵇康（约 223—约 263），三国时期著名的思想家、文学家、音乐家，字叔夜，谯郡铚（今安徽淮北市濉溪县）人。嵇康年轻时就博览群书、才华横溢。后与曹魏宗室通婚，官至中散大夫，世人称之为“嵇中散”。隐居山阳 20 年，与阮籍、山涛、王戎、向秀、刘伶、阮咸交游，当时号称“竹林七贤”。后来因好友吕安下狱而受到牵连，以“言论放荡，非毁典谟”罪名被司马昭所杀，临行前索琴弹奏《广陵散》一曲。著有《嵇中散集》。

【评析】

本则家训是嵇康的《家诫》节录。嵇康在家训中强调了立志对于人生的极端重要性，但他不仅仅着眼于立志的道理，而重点阐发在实践中如何坚守志向。文章列举没有志向的种种表现，以及历史上有志者的事例，如申包胥、伯夷、叔齐、柳下惠、苏武等，作为学习的榜样。他的儿子后来成为封建时代史家笔下的“忠臣”楷模，与他的教诲不无关系。立志做高尚的人，而且要坚持到底，不为外物私欲所移，对现实中如何教育孩子立志、守志有较强的借鉴意义。这是此篇家训受到后人重视并广为流传的重要原因。[1]

[1] 参见郑宏峰编著:《中华家训》，线装书局，2008 年 9 月版，第 391—393 页。

第14则

凝神笃定　成就大业

【原文】

儿年几弱冠，懦怯无为，于世情毫不谙练[①]，深为尔忧之。男子昂藏六尺于二仪间，不奋发雄飞而挺两翼，日淹岁月，逸居无教，与鸟兽何异？将来奈何为人？慎勿令亲者怜而恶者快！兢兢业业，无怠夙夜。临事须外明于理而内决于心。钻燧之火，可以续朝阳；挥翮[②]之风，可以继屏翳[③]。物固有小而益大，人岂无全用哉？

习业当凝神伫思，戢[④]足纳心。鹜精于千仞之颠，游心于八极之表；浚[⑤]发于巧心，摅[⑥]藻为春华。应事以精，不畏不成形；造物以神，不患不为器。能尽我道而听天命，庶不愧于父母妻子矣。循此则终身不堕沦落，尚勉之励之！以我言为箴，勿愦愦[⑦]于衷，勿朦朦[⑧]于志。

——〔明〕涂媛《训子书》

【注释】

①谙（ān）练：熟悉，有经验。

②翮（hé），翅膀。

③翳（yì）：遮蔽。

④戢（jí）：停止。

⑤浚（jùn）：深。

⑥摅（shū）：抒发。

⑦愦愦：稀里糊涂。

⑧朦朦：迷茫的样子。

【译文】

你的年龄快20岁了，还懦弱胆小，无所作为，对人情世故一点也不熟悉，我深深地为你担忧。堂堂六尺男儿，本应该立身于天地之间，张开翅膀奋发雄飞，如果虚耗时光，贪求安逸，不求进取，这与鸟兽有什么区别呢？将来怎么做人？要小心谨慎，千万不要让亲人怜惜而让厌恶你的人感到痛快！要兢兢业业，从早到晚都不要懈怠。遇到事情必须做到心中有数，又能通情达理，处理得恰到好处。钻木产生的火花虽然很小，但可以接续朝阳；鸟挥动翅膀扇起的风虽然微弱，但可以连接大风。事物本来都是由小逐渐增大的，人又岂能不发挥自己的全部作用呢？

学习要聚精会神，专心致志。探索到极高的境界，思索到很远的地方；深刻的思想来源于善用心智，表达的辞藻如春天的花朵。处理事务，精神要专注，不要怕它不能成功；做一件东西要全神贯注，不要担心它不能成为器物。尽到自己最大的努力，听从天命的安排，才可无愧于父母妻子。这样做下去，就可终生不会堕落，你可要努力啊！你要把我的话当作箴言，不可稀里糊涂，立志不明确不坚定啊！

【作者简介】

徐媛（1560—1619），字小淑，为明太仆寺卿徐泰时之长女，长洲（今江苏苏州）人。徐媛少时即能作诗文，诗词曲文兼擅长，与陆卿子合称为“吴门二大家”。后嫁范仲淹后裔范允临为妻。著有《络纬吟》12 卷。

【评析】

本则家训是徐媛《训子书》的节录。这是母亲写给儿子的一篇家训。常言道，知子莫如父母。对儿子的缺点，徐媛很清楚，她首先指出快 20 岁的儿子的两大缺点：一是“懦怯无为”，二是“于世情毫不谙练”。如果长此以往，怎么能够立身扬名呢？“往者不可谏，来者犹可追”，亡羊补牢，未为晚也。徐媛从两个方面告诫儿子：一是要立志成才。她说：“一个人如不能立志奋发雄飞，与禽兽无异。”她还以钻木取火、飞鸟鼓翼生风的事例，说明微小的事物仍有很大用处，人当然更是这样。二是要努力学习和专注处事。在学习上，要聚精会神，一心不可二用，但也不能仅看书本，还要胸襟开阔，开拓思路，充分发挥联想与想象，培养与锻炼自己的思维能力，写出文情并茂的文章。在实践方面，一定要精神专注，尽自己的主观努力，认真做事，不必担心事情的成败，无愧于心即可。[1]

[1] 参见魏舒婷编著：《传统家训》，黄山书社，2012 年 6 月版，第 104—105 页。

第 15 则

心随朗月高　志与秋霜洁

【原文】

立志之始，在脱习气。习气薰人，不醪[1]而醉。其始无端，其终无谓。袖中挥拳，针尖竞利。狂在须臾，九牛莫制。岂有丈夫，忍以身试！彼可怜悯，我实惭愧。前有千古，后有百世。广延九州，旁及四裔。何所羁络[2]，何所拘执？焉有骐驹[3]，随行逐队？无尽之财，岂吾之积。目前之人，皆吾之治，特不屑耳，岂为吾累。潇洒安康，天君无系。亭亭[4]鼎鼎[5]，风光月霁。以之读书，得古人意；以之立身，踞豪杰地；以之事亲，所养惟志；以之交友，所合惟义。惟其超越，是以和易。光芒烛天，芳菲匝地。深潭映碧，春山凝翠。寿考[6]维祺[7]，念之不昧。

——〔清〕王夫之《姜斋文集补遗》卷一《尺牍十首·示子侄》

【注释】

① 醪（láo）：醇厚的酒。

② 羁络：束缚。

③ 骐驹：良马。

④ 亭亭：高洁的样子。

⑤ 鼎鼎：盛大的样子。

⑥ 考：年高、长寿。

⑦ 祺：吉祥、福气。

【译文】

一个人要想立志有所作为，首先要摆脱旧的庸俗之气。旧习气对人的影响，就像人闻到醇厚的酒味，还没有喝就醉了。如果一开始就没有一个头绪，最终也就不可能有所成就。旧的习气让人犹如在袖子里挥拳暗斗，在针尖上追逐利益。一时的疯狂，九头牛也拉不回来。哪有男子汉甘心去做这种事情。说起来这些人确实让人可怜，我实在为他们感到惭愧。回望历史，展望后世。大到全中国，旁及更远的地方。有什么能约束我，还有什么需要拘守的呢？哪有志在千里的人，愿意和他们混在一起。那些无穷无尽的财富，岂能成为我的积蓄？目前这些人，都是我正己的镜子，完全不值得人重视，怎能让这些人、这些事情拖累自己！为人要清高脱俗，潇洒健康，心无拘束。盛大广阔的高洁之心，犹如雨过天晴，一片明净的景象。以这样的心境去读书，就能领略到古人的深意；以这样的心境去立身处世，就能成为英雄豪杰；以这样的心境去侍奉双亲，就能仰承他们的志向；以这样的心境去交朋友，就能符合道义。因为志趣高洁，所以能谦和平易。这样的志向就像灯烛辉煌，光芒照人；如花草满地，香气袭人。像深潭映着碧波，春山凝成翠色。这样才能高寿多福，万古长青，希望你们切记，不要忘记。

【作者简介】

王夫之（1619—1692），明末清初思想家，字而农，号姜斋，别号一瓢道人，衡州府衡阳（今属湖南）人。明崇祯举人。清兵南下，曾于衡山举兵抵抗。失败后走桂林，任南明桂王政府行人司行人。晚年居南岳衡山下的石船山，著书立说，故世称其为“船山先生”。他学识渊博，思想深邃，自成体系，写下大量政治、哲学、史学、文学著作，约 100 种、400 余卷，其中以《读通鉴论》《宋论》《周易外传》为其代表作，后人将其著作编为《船山遗书》。

【评析】

本则家训是王夫之教诲儿子的家训。这篇家训，通篇四言，而且押韵，朗朗上口，言简意丰。家训开门见山谈到怎样才能立志。怎样立志呢？要有破才能有立。破什么呢？应破除不良的习气。这种看法，新颖深刻，言人所未言，发人所未发。接着分析了不良习气对人的影响，其影响在于不知不觉中走向庸俗低下。不良习气如此害人，作为一个堂堂大丈夫，应该怎样对待它呢？那就要眼光远大，心胸开阔，要志在千里，清高脱俗。有了这样的志向，才能真读书，才能成为真正的豪杰。[1]

[1] 参见魏舒婷编著：《传统家训》，黄山书社，2012 年 6 月版，第 100—101 页。

第16则

做事推脱　万事蹉跎

【原文】

后生家每临事，辄[1]曰："吾不会做。"此大谬也。凡事做则会，不做则安能会耶？又做一事，辄曰"且待明日"，此亦大谬也。凡事要做则做，若一味因循，大误终身。

家鹤滩先生[2]有《明日歌》最妙，附记于此："明日复明日，明日何其多。我生待明日，万事成蹉跎[3]。世人苦被明日累，春去秋来老将至。朝看水东流，暮看日西坠。百年[4]明日能几何[5]，请君听我《明日歌》。"

——〔清〕钱泳《履园丛话·丛话七臆论》

【注释】

① 辄（zhé）：总是、往往。

② 家鹤滩先生：指钱泳的本家钱福，号鹤滩。

③ 蹉跎（cuō tuó）：光阴虚度，一事无成。

④ 百年：指人的一生。

⑤ 几何：多少。

【译文】

后辈们每当遇到事情，总是说“我不会做”。这是非常错误的。无论什么事情，只要做就能学会，不去做怎么能学会呢？还有，后辈们每做一件事总是说：“姑且等到明天吧。”这也是非常错误的。无论什么事情，要做就要马上去做，不要拖下去，如果一直拖延，就会耽误终身的。

我的本家钱鹤滩先生写了一首《明日歌》，妙不可言。附记在这里：“明日复明日，明日何其多。我生待明日，万事成蹉跎。世人苦被明日累，春去秋来老将至。朝看水东流，暮看日西坠。百年明日能几何，请君听我《明日歌》。”

【作者简介】

钱泳（1759—1844），清代学者。原名鹤，字立群，号台仙、梅溪，金匮（今江苏无锡）人。一生多为幕客，足迹遍及大江南北，曾居履园。兼工诗文书画，尤精隶古。著有《履园丛话》《履园谭诗》《兰林集》《梅溪诗钞》等。

【评析】

本则家训是钱泳对家人和后辈们的训导之文。钱泳在文中批评家人和后辈们做任何事情都以“吾不会做”来推辞，并严肃地指出“凡事做则会”，这是很高明的教诲。对任何事物，你不去接触它，不真正地去做，就永远不懂、不会。钱泳还进一步指出，要做就要抓紧时间去做，不能拖延，不能得过且过，并引《明日歌》进行教育。这些非常适用的家训思想，对于人们勇于实践，积极投入到实践活动中去，是很有启迪和促进作用的。[1]

[1] 参见谢宝耿编著:《中国家训精华》，上海社会科学院出版社，1997年12月版，第445页。

第 17 则

精神愈用则愈出

【原文】

身体虽弱，却不宜过于爱惜，精神愈用则愈出，阳气愈提则愈盛。每日做事愈多，则夜间临睡愈快活。若存一爱惜精神的意思，将前将却[①]，奄奄无气，决难成事。

……

心常用则活，不用则窒；常用则细，不用则粗。

——〔清〕曾国藩《曾国藩家书》

【注释】

① 却：退却。

【译文】

虽然身体虚弱，但也不要过分地爱惜，精神越用越充足，阳刚之气越振作越旺盛。每天做事越多，晚间临睡的时候就越快活。如果老是想爱惜身体和精神，就会畏惧不前、懒懒散散、没有精神，是绝对做不成事情的。

……

头脑如果经常使用，就会变得越来越灵活，不用的话就会闭塞；常用的话就会变得细致缜密，否则就会变得粗疏。

【评析】

本则家训是曾国藩于清咸丰七年（1857）十二月十四日写给其弟的家书节录。文中由身体谈及致用，指出："精神愈用则愈出，阳气愈提则愈盛""心常用则活，不用则窒"。曾国藩认为，身体也好，读书也好，做事也好，贵在这种身体力行的态度，并以此教诲和勉励家人。这些致用家训，含有深刻的哲理，催人奋进。[1]

[1] 参见谢宝耿编著：《中国家训精华》，上海社会科学院出版社，1997年12月版，第448—449页。

第 18 则

志患不立　尤患不坚

【原文】

读书做人，先要立志。想古来圣贤豪杰是我者般年纪时，是何气象[①]？是何学问？是何才干？我现在哪一件可以比他？想父母送我读书，延[②]师训课，是何志愿？是何意思？我哪一件可以对父母？……务期与古时圣贤豪杰少小时志气一般，方可慰父母之心，免被他人耻笑。志患不立，尤患不坚。偶然听一段好话，听一件好事，亦知歆[③]动羡慕，当时亦说我要与他一样。不过几日几时，此念就不知如何销歇去了。此是尔志不坚，还由不能立志之故。如果一心向上，有何事业不能做成？

——〔清〕左宗棠《左宗棠全集·诗文·家书》

【注释】

①气象：事物的情况、态势。

② 延：引进，聘请。

③ 歆（xīn）：喜爱，羡慕。

【译文】

读书做人，先要树立志向。想一想，自古以来那些圣贤豪杰像我这样年纪的时候，是什么情景呢？有怎样的学问？有怎样的才干啊？我现在哪方面能够与他们相比呢？想想父母送我读书，还聘请老师授课，为了什么？对我寄予什么希望？我有哪一件事情做得好可以面对父母？……务必要与古圣贤豪杰年轻时候一样有志气，才可以安慰父母的心，不被别人耻笑。令人忧虑的是不能树立志向，更令人忧虑的是树立了志向又不坚定。偶然听到一段好话，听到一件好事，也知道喜爱羡慕，当时也表示自己要同他一样做个好人。但是没过多久，这种想法就不知道怎么消失了。这就是你志向不坚定，更是你没能立志的缘故。如果你一心奋发向上，有什么事业不能做成呢？

【作者简介】

左宗棠（1812—1885），清末湘军首领、洋务派代表人物。字季高，一字朴存，号湘上农人，湖南湘阴（今湖南岳阳市湘阴县）人。曾任浙江巡抚、闽浙总督、陕甘总督。光绪元年（1875），以钦差大臣督办新疆军务，率清军击败分裂主义分子阿古柏的叛乱行为，收复迪化（今乌鲁木齐）、和阗（今和田）等地，粉碎了英俄帝国主义利用阿古柏分裂新疆的阴谋，维护了国家领土的完整与统一。后任军机大臣、总理衙门大臣、两江总督兼南洋通商大臣。著有《左文襄公全集》。

【评析】

本则家训是左宗棠于咸丰十年（1860）写给儿子孝威、孝宽的家信节录。左宗棠一生写了 100 多封家书，内容大多集中在让子女如何为人处世、治事做官等方面。《与子书》是左宗棠很有名的一篇家训，是他离家北行赴京途中所写，教导儿子怎样立志，怎样读书，怎样做人，怎样做事，论述精辟，见解独到。本条只是选取了其中立志部分。他在家书中讲到“读书做人，先要立志”。只有立下坚定的志向，才能珍惜光阴，勤奋刻苦，学业才能有成就。并进一步指出：“志患不立，尤患不坚。”这封家信文字亲切感人，深入浅出，说理以实例，教人以身心，宽严结合，特别是把读书做人与立德立志结合起来，对今天我们在子女教育中所存在的弊端，如对子女过于溺爱，有较强的现实意义。[1]

[1] 参见郑宏峰主编：《中华家训》，线装书局，2010 年 1 月版，第 386—387 页。

第19则

慷慨丈夫志　身病志更坚

【原文】

汝今多病，我不忍以学业督汝，然病者身也，而心志则不能病也。当病之时，宜息养其身，而不可灰颓①其志气，且安知夫病之久而不愈乎！夫病同，而病之者异。古人有咏病鹤者，有咏病马者。鹤与马虽病，而其凌云之气、追风逐电之心，故②在也。鸡犬岂必不病，而古人无咏之者。彼即不病，固无望其高远耳。余向者抱病，志气不少衰，而病且等于无病，何也？立心坚确③，阴阳④亦退而听命也。

——〔清〕李鸿章《李鸿章家书》

【注释】

① 灰颓：灰心颓丧。

② 故：仍，还是。

③ 坚确：坚定而明确，坚定不移。

④ 阴阳：此处借指天命。

【译文】

你现在身体多病，我不忍心拿学业来督促你，但是生病的只是身体，一个人的心志千万不能病。当一个人生病的时候，应当休息、保养身体，却不可以颓丧志气，况且又怎么知道生病时间长了而不会痊愈呢？生的病相同，但得病的人与物却不同。古人有咏病鹤的，有咏病马的。鹤与马虽然生病了，但是他们那种直上云霄的气概、追风逐电的心志仍然还在。鸡和狗难道一定就不生病？但古人没有歌咏它们的。鸡和狗就算不得病，也没有谁企望它们能够高飞远跑的。我以前得了病，但志气一点也没有衰退，就是身体生病了也等于没有病，这是什么原因呢？因为我立下了坚定不移的志向，阴阳也要后退而听命于我了。

【作者简介】

李鸿章（1823—1901），晚清淮军、北洋水师的统帅、洋务运动的领袖。字少荃，晚年自号仪叟，别号省心，安徽合肥人。道光进士。道光二十七年（1847 年）中进士，朝考后入翰林院任庶吉士，道光三十年（1850 年）散馆后任编修。曾任两江总督、湖广总督，官至直隶总督兼北洋通商大臣，授武英殿大学士、文华殿大学士，位居各大学士之首。多次代表清政府与西方列强签订不平等条约。谥号文忠。著有《李文忠公全集》。

【评析】

本则家训是李鸿章给侄儿的家信节录。一个人的身体难免会经常生病，但心志却不能有病。对此，李鸿章颇有心得，他在这封家书中专门论述了这个问题。这封家书主要讲了三层意思：一是生了病，你怎么就知道一定不会好呢？所以没有必要因为身体生病而丧失志气。二是同样是生病，由于生病的人不同，其精神状态也大不相同。马、鹤之所以为人们广泛称颂，主要在于它身体虽然病了，但仍然有远大的志向。三是通过自己的经历来现身说法。自己即使生病了，志气也不衰。李鸿章的这番阐述，意在教育后辈要正确看待身病与心病的关系，防治心病的意义远远大于防治身病。[1]

---

[1] 参见郑红峰译注：《中华家训大全》（卷二），吉林出版集团有限责任公司，2011 年 7 月版，第 337 页。

第 20 则

知识无尽头　少年莫浪投

【原文】

宇宙无穷大，万国共一球。
展望天外天，想作逍遥游①。
后羿夸射月，羲和②逐光流。
人类百万年，实为地之囚。
生命世代续，知识无尽头。
科学重实践，理论启新猷。
应知重实际，平地起高楼。
应知重理想，更为世界谋。
我要为众人，营私以为羞。
人人能如此，世界即自由。
……
嗟余一老兵，六十去不留。

接班望汝等，及早作划筹。
天地最有情，少年莫浪投。

——〔当代〕陈毅《示儿女》

【注释】

① 逍遥游：突破束缚，取得驾驭宇宙的极大自由。
② 羲和：古代神话中为太阳驾车的神。

【作者简介】

陈毅（1901—1972），中国无产阶级革命家、军事家、外交家，中国人民解放军的创建者和领导者之一，党和国家的卓越领导人，中华人民共和国开国元勋。四川乐至人。1923 年加入中国共产党。曾任红军第四军政治部主任、军委书记，江西军区司令员兼政委，第三野战军司令员兼政治委员，上海市市长，中央人民政府革命军事委员会副主席，国防委员会副主席，国务院副总理兼外交部长等。著有《陈毅诗稿》《陈毅诗词全集》等。

【评析】

这首诗写于 1961 年。其中的“示”，有告诫的意思，点明了写这首诗的用意。陈毅在诗中回顾了历史的发展过程，勉励儿女珍惜时光，努力学习，树立远大的共产主义理想。还要切实努力做好眼前的革命工作。陈毅这首诗，绝不是一般的示儿诗，它实际上体现了老一辈无产阶级革命家对年轻一代的热情关怀和殷切期望。[1]

[1] 参见郭齐家、李茂旭主编：《中华传世家训经典》（第一卷），人民日报出版社，2009年9月版，第146页。

【励志故事之一】

岳母刺字勉精忠

岳飞是宋朝著名的抗金英雄，他带领的岳家军，使金兵闻风丧胆，当时流传着“撼山易，撼岳家军难”的口号。据《宋史·岳飞传》记载，岳飞遭到秦桧等奸臣的陷害，被朝廷一连用十二道令牌召回。当秦桧党羽何铸审讯他时，岳飞撕开衣裳，将后背上深刺的“精忠报国”四个字给何铸看，坦然表明自己对朝廷的一片忠心。

“精忠报国”这四个字是怎么来的呢？故事是这样的：靖康元年（1126），金兵又大举入侵中原，岳飞再次投军。临行前，岳飞的母亲把岳飞叫到跟前说：“现在国难当头，你有什么打算？”岳飞坚毅地说道：“到前线杀敌，精忠报国！”岳母听了儿子的回答，心里非常满意，“精忠报国”正是她对儿子的希望，于是决定把这四个字刺在儿子的后背上，让他永远铭记在心。岳飞迅速解开上衣，露出瘦瘦的脊背。岳母心疼地问：“孩子，针刺是很痛的，你怕吗？”岳飞说：“母亲，小小钢针算不了什么，如果连针都怕，怎么去前线打仗！”随后岳母在岳飞的后背上刺了“精忠报国”四个字。从此，“精忠报国”四个字就永不褪色地留在了岳飞的后背上。[1]

[1] 参见陆林主编：《中华家训大观》，安徽人民出版社，1994年8月版，第635页。

【励志故事之二】

为中华之崛起而读书

宣统三年（1911）年年底，周恩来在沈阳东关模范学校上学。有一次，魏校长亲自为学生上修身课，题目是“立命”。当时中国社会正处于剧烈变动的时期，很多人，特别是年轻人思想困惑，没有明确的理想追求，没有人生奋斗的目标。校长讲“立命”，就是给学生讲怎样立志。魏校长讲到精彩处突然停顿下来，向学生提出一个问题：“请问为什么读书？”

这时候整个教室里静悄悄的，没有一个学生回答。“如果没有人回答，我就一个个问了！”魏校长一边说着一边走下讲台，指着前排一名同学说：“你为什么而读书？”这个学生站起来挺着胸脯说：“为光耀门楣而读书！”魏校长笑了笑没有给予评论。“为明礼而读书。”又有一名同学答道。魏校长稍微点了一下头说：“不失为一种志向。”“读书，自然是为了当官。”又有同学回答，魏校长对这个回答只是笑了笑。

接下来被问的一个学生其父亲是做生意的，他很认真地回答说：“我是为我爸而读书的。”同学们听了哄堂大笑。

魏校长摇了摇头，随后走到周恩来面前笑着问：“恩来，你千里迢迢自江南到这里读书，又是为了什么呢？”周恩来非常郑重地回答道：“为中华之崛起而读书！”魏校长听完后非常高兴。他示意让周恩来坐下，然后对大家说：“有志者，当效周生啊！”并提高嗓门称赞：“泱泱中国，如今内忧外患，灾难深重，凡热血男儿，救国图存，责无旁贷。诸位年幼，读书乃打基础，以便日后投身于中华崛起之伟业。古人云‘人若志趣不远，心不在焉，虽学无成’。恩来志存高远，见识不凡，这是值得诸位仿效的，每个人都应有‘为中华之崛起而读书’的志向……”[1]

[1] 参见余玮著：《红色书笺背后的周恩来》，西苑出版社，2012年1月版，第18—19页。

【励志故事之三】

人穷志不短

国内外著名的儿童“故事大王”孙敬修出生在北京的一个贫穷的家庭里，父亲因劳累过度，患病去世了。母子俩孤苦无依，没有房子住，有一个时期就寄居在孙敬修的伯父家。伯母是个爱占小便宜的人，有一次，邻居的一只小鸡闯进了伯父家，伯母高兴极了，就把鸡装在筐子里，让孙敬修悄悄地去集市卖掉了。孙敬修的母亲知道了这件事，心里非常不安，她一生都主张：人穷志不短，我的儿子要端端正正地向前走，作个堂堂的正派人。于是，她把孙敬修拉到身边，给他讲了一个故事：从前，有一个人偷了邻家的鸡，并把鸡杀掉吃了。谁知他脸上竟长满了鸡毛，奇痒难忍，拔也拔不掉。这时，一位白胡子老爷爷拄着拐杖走了过来告诉他，只有向被偷鸡的人家承认错误，赔偿损失，鸡毛才会掉下来。后来，那个人只好照老爷爷的话去做了……孙敬修听了母亲讲的故事惭愧极了，承认了自己的错误，表示再也不贪小便宜了。[1]

[1] 参见陆林主编：《中华家训大观》，安徽人民出版社，1994 年 8 月版，第 667 页。

【励志故事之四】

身残志更坚

张海迪 5 岁的时候，因患脊髓血管瘤造成高位截肢，但她身残志坚，勤奋学习，热心助人，被誉为中国“当代保尔”。

由于张海迪常年卧床，翻身都很困难，身上经常长大面积的褥疮，这些褥疮无情地吞噬着她瘫痪的肌体。这些褥疮的创面感染，常常使得她发高烧。另外，手术造成的肋间神经痛，也像针刺刀割一样折磨着她。她所承受的痛苦，是正常人难以想象的。但是，为了能够早日学好文化，她没有向病魔屈服，而是咬着牙忍着痛顽强地学习，读完了一本本激动人心、催人奋进的书，像《把一切献给党》《真正的人》《我的大学》《军队的女儿》《钢铁是怎样炼成的》等。通过阅读《钢铁是怎样炼成的》，使她认识了苏联英雄保尔·柯察金，他那与疾病顽强斗争的故事，使张海迪懂得了：一个人病倒了并不可怕，可怕的是失去进取的信心和力量。只要精神不倒，他就能够战胜困难，创造出美好的新生活。

张海迪在日记中写道：“不能碌碌无为地活着，活着就要学习，就要多为群众做些事情。既然我像一颗流星，我就要把光留给人间，把一切奉献给人民。”正因为她有了这样的志向和坚定的信念，在后来的日子里，她以顽强的毅力和恒心与疾病做斗争，自学大学英语、日语、德语等语言，并攻读了大学和硕士研究生的课程。1983 年，张海迪开始从事文学创作，先后翻译了《海边诊所》《小米勒旅行记》和《丽贝卡在新学校》，创作了《向天空敞开的窗口》《生命的追问》《轮椅上的梦》等超过 100 万字的作品。后来还获得了很多奖项，兑现了自己曾经立下的誓言。[1]

[1] 参见山东人民出版社编著：《优秀共青团员张海迪》，山东人民出版社，1983 年 4 月版，第 36—37、69 页。

（杨海峰辑录）

劝学

劝学
乙未春哲野製

第 21 则

学诗学礼　知书达理

【原文】

陈亢[①]问于伯鱼[②]曰："子亦有异闻[③]乎？"对曰："未也。尝独立，鲤趋而过庭。曰：'学诗乎？'对曰：'未也。''不学诗，无以言。'鲤退而学诗。他日，又独立，鲤趋而过庭。曰：'学礼乎？'对曰：'未也。''不学礼，无以立。'鲤退而学礼。闻斯二者。"陈亢退而喜曰："问一得三。闻诗，闻礼，又闻君子之远[④]其子也。"

——〔春秋〕孔子《论语·季氏第十六》

【注释】

① 陈亢（前 511—前 430），字子元，一字子禽，又名原亢，比孔子小 40 岁，蒙（今安徽蒙城）人。齐国大夫陈子车弟。孔子弟子。曾做过单父（今山东单县）宰，施德政于民，颇受爱戴。《论语》中载有关于子禽与伯鱼、子禽

与子贡的对话。

② 伯鱼：孔鲤（前 532—前 481），字伯鱼，孔子的儿子。因其出生时鲁昭公赐孔子一尾鲤鱼而得名。

③ 异闻：这里指不同于对其他学生所讲的内容。

④ 远：音 yuàn，避开，不亲近，不偏爱。

【译文】

陈亢问伯鱼："你在老师那里听到过什么特别的教诲吗？"伯鱼回答说："没有呀。有一次他独自站在堂前，我从庭前快步走过，他问：'学诗了吗？'我回答说：'没有。'他说：'不学诗，就不懂得怎么说话。'我就回去学诗了。又有一天，他又独自站在堂前，我从庭前快步走过，他问：'学过礼仪了吗？'我回答说：'没有。'他说：'不学礼仪就不懂得怎样立身。'我回去就学礼仪。我就听到过这两次教诲。"陈亢回去高兴地说："我提一个问题，得到三方面的收获，知道了学诗很重要，知道了学礼仪很重要，又知道了君子不偏爱自己儿子。"

【作者简介】

孔子（前 551—前 479），春秋末期思想家、政治家、教育家，儒家学说的创始者，名丘，字仲尼，鲁国陬邑（今山东曲阜东南）人。先世是宋国贵族。少"贫且贱"，及长，做过"委吏"（司会计）和"乘田"（管畜牧）等事。学无常师，相传曾问礼于老聃，学乐于苌弘，学琴于师襄。聚徒讲学，从事政治活动。年五十二由鲁国中都宰升任大司寇。后又周游宋、卫、陈、蔡、齐、楚等国，前后达 13 年，终不见用。68 岁时返鲁。晚年致力于教育，整理《诗》《书》等古代文献，并把鲁史官所记《春秋》加以删修，成为我国第一部编年体的历史著作。相传先后有弟子三千人，其中著名的有七十余人。自汉以后，孔子学说成为两千余年传统文化的主流，影响极大。现存《论语》一书，记有孔子的谈话及孔子与门人的问答，是研究孔子学说的主要资料。

【评析】

《论语》是春秋时期记载孔子及其弟子言行的一部语录体文集，它较为集中地反映了孔子的思想。全书共20篇、492章。南宋时，朱熹将它与《孟子》《大学》《中庸》合称为“四书”。

这段话记述的是孔子站在庭院里训诫儿子的一段对话。孔子在家庭教育中要求儿子孔鲤要学诗、学礼，从中学习古代文化，熟悉古代礼仪、社会典章制度和伦理道德规范，这样才能够懂得如何为人处世，从而在学业和道德方面有所建树，干出一番事业来。古人称父教为庭训，即源于此。[1]

[1] 参见陈才俊主编，谷淑梅注译：《中国家训精粹》，海潮出版社，2011年7月版，第8页。

第 22 则

一技之长　始于读书

【原文】

夫明《六经》[1]之指，涉百家之书，纵不能增益德行，敦厉[2]风俗，犹为一艺，得以自资[3]。父兄不可常依，乡国不可常保，一旦流离，无人庇荫，当自求诸身耳。谚曰："积财千万，不如薄伎[4]在身。"伎之易习而可贵者，无过读书也。世人不问愚智，皆欲识人之多，见事之广，而不肯读书，是犹求饱而懒营馔[5]，欲暖而惰裁衣也。

——〔北齐〕颜之推《颜氏家训·勉学》

【注释】

① 六经：指儒家的《诗》《书》《礼》《易》《乐》《春秋》六部经典。指：通"旨"。

② 敦厉：敦促劝励。

③ 自资：自己谋生。

④ 伎：通"技"。

⑤ 营馔：置办膳食。

【译文】

明晓六经的要旨，广泛涉猎百家著作，即使不能提高自己的道德品行，整饬社会风俗，也能学到一技之长，得以自立。父母兄弟不可长久地依靠，家国也不能永远作为保障。一旦流离失所，无人可以庇护，就当求助于自身了。有谚语说："家财万贯，不如有一技之长。"各种技艺之中最容易学又最值得崇尚的莫过于读书。世上的人不管是愚钝还是聪慧，都想认识很多的人，见识很多事，但是如果不肯读书学习的话，就如同想吃饱却懒得去做饭，想穿得暖和些却懒得去做衣服。

【评析】

人生在世，任谁都不可能依靠终生，只有靠自己。因为无论你有多少财富，都有用尽的时候；无论多么疼爱你的父母也有离开的时候，终究不能庇佑我们一生。这就需要我们掌握一定的技能来作为自己谋生的资本。正如文中所说："积财千万，不如薄技在身。"这是很有道理的，也是千千万万的人通过自身的经历和实践总结出来的真理。而想要获得一技之长，就需要我们刻苦努力学习，才可能实现。

在能点石成金的神指和金子之间，聪明人要的一定不是黄金，而会要点石成金的技能。读书能增长知识，让人有一技之长，它能给人创造不尽的财富。只有通过读书才能看万种人，识世间事；也只有通过读书，才能提高我们自身的本领，为我们创造富裕的物质生活。况且人生在世，也不仅仅局限于物质财物，还有很多精神财富需要我们去体味，这些也只有通过读书才能实现。所以我们要从小读书，读好书，开阔眼界，增长本领，成为一个于家国于社会都有用的人。[1]

---

[1] 参见陈才俊主编，谷淑梅注译：《中国家训精粹》，海潮出版社，2011年7月版，第122页。

第 23 则

玉不琢不成器　人不学不知理

【原文】

玉不琢，不成器；人不学，不知道[①]。然玉之为物，有不变之常德[②]，虽不琢以为器，而犹不害[③]为玉也。人之性，因物则迁[④]，不学，则舍[⑤]君子而为小人，可不念[⑥]哉？付奕[⑦]。

——〔宋〕欧阳修《诲学说》

【注释】

① 知道：通晓道理。

② 常德：指固有的特点、本性。

③ 害：妨碍，影响。

④ 因物则迁：由于受外界影响而改变。因，顺着。迁，改变。

⑤ 舍：放弃，舍弃。

⑥ 念：思考。

⑦ 付奕：意谓此段家训是给欧阳奕的。欧阳奕，欧阳修次子。

【译文】

如果玉不雕琢打磨，就不能制成精美的玉器；如果人不学习，也就不会懂得世间万物的道理。然而玉有它本身不变的特性，即使不打磨制作成器物，也不妨害它仍是玉的本质。人的本性，会因受外界影响而改变，如果不学习，就不能成为君子而变成小人，这难道不值得思考吗？

【作者简介】

欧阳修（1007—1072），北宋文学家、史学家。字永叔，号醉翁、六一居士，吉州吉水（今江西吉安市吉水县）人。天圣年间进士。官馆阁校勘，因直言论事贬知夷陵。庆历中任谏官，支持范仲淹，要求在政治上有所改良，被诬贬知滁州。后官至翰林学士、枢密副使、参知政事。王安石推行新法时，他对青苗法有所批评。卒谥文忠。主张文章应“明道”“致用”，对宋初以来靡丽、险怪的文风表示不满，并积极培养后进，是北宋古文运动的领袖。其散文说理畅达，抒情委婉，为“唐宋八大家”之一；诗风与其散文近似，语言流畅自然。其词婉丽，承袭南唐余风。曾与宋祁合修《新唐书》，并独撰《新五代史》。又喜收集金石文字，编为《集古录》，对宋代金石学颇有影响。有《欧阳文忠公文集》。

【评析】

欧阳修以雕琢玉石为例，劝诫儿子努力学习，提升自身修养。告诫儿子要经过雕琢磨砺才能有所作为，人的习性是最容易受外界环境影响的，若不能时刻砥砺自身，读书为学，提升学识修养与品德涵养，就不能成为君子而会变成小人。[1]

[1] 参见王新龙编著:《中华家训》(卷一)，中国戏剧出版社，2009 年 8 月版，第 165 页。

第24则

勤学苦读　不入俗流

【原文】

旦起须先读书三五卷，正其用心处，然后可及他事。暮夜见烛亦复然。若遇无事，终日不离几案。苟能如此，一生永不会向下，作下等人。如见他事，自然不妄①。吾二年来目力极昏，看小字甚难，然盛夏帐中，亦须读书，至极困乃就枕。不尔②，胸次③歉然④若有未了事，往往睡亦不美，况昼日乎？若凌晨便治俗事，或冗或默闲坐，日复一日，与书卷渐远，岂复更思学问？如此，不流入流俗人，则着衣吃饭一呆⑤子弟耳。况复博弈饮酒，追逐玩好，寻求交友，惟意所欲。有一如此，近二三年，远五六年，未有不丧身破家者，此不待吾言而知也。

——〔宋〕叶梦得《石林家训》

【注释】

① 不妄：不乱。

② 不尔：不如此；不然。

③ 胸次：心里；心情。

④ 歉然：不满足的样子；惭愧的样子。

⑤ 呆（ái）：痴。

【译文】

早晨起来必须先读上三五卷书，这才正是该用心的地方，然后才可以做其他事情。晚上点灯以后也要这样。若别无他事，就应该整天不离书桌。如果能这样，一生都不会沉沦，做下等人。倘若遇到事情，自然不会乱。近两年来我视力非常模糊，看小字非常困难，然而即便是在酷热的夏季，也一定会躲在蚊帐中读书，困极之时，才就枕睡觉。如果不这样就感觉心中愧疚，像有什么事没有了结一样，往往睡也睡不好，更何况是白天不读书呢？如果清晨就办流俗杂事，有时冗事缠身忙忙碌碌，有时默默呆坐，日复一日，年复一年，与书卷逐渐疏远，哪里还能想到学问之事呢？这样一来，即使不变成庸俗之人，也不过是一个只知吃饭穿衣的痴呆子弟罢了。更何况再去赌博饮酒，追求玩物娱乐，只知交游，随心所欲地行事呢！上述诸般，沾上一种，少则二三年，多则五六年，没有不身败名裂、家室败亡的。这些不需要我讲，就能明白了。

【作者简介】

叶梦得（1077—1148），南宋文学家，字少蕴，号肖翁、石林居士，原籍吴县（今江苏苏州），居住乌程（今浙江湖州市吴兴区）。绍圣年间进士。绍兴时任江东安抚制置大使，兼知建康府、行宫留守。颇致力于防务及军饷供应。学问博洽，精熟掌故。其词风格接近苏轼，间有感怀时事之作。也能诗。有《建康集》《石林词》《石林诗话》《避暑录话》《石林燕语》等。

【评析】

叶梦得出身名门，家学渊源，其从祖父为北宋名臣叶清臣。四世祖叶参为咸平四年（1001）进士，官至广禄卿。母亲晁氏为“苏门四学士”之一的晁补之之妹。

叶梦得辞官后，退居湖州光山石林别馆。他喜欢藏书，宣和五年（1123）筑别馆于石林谷，建藏书楼以贮书，藏书总量逾10万卷以上，史称“极为华焕”。著有《紬书阁记》，专记其藏书之故实。他与宋绶同为宋代有名的大藏书家。皇统七年（1147），其家遇火，10万卷藏书化为灰烬。次年叶梦得病卒。他不仅爱藏书，更爱读书，所以他要求子弟旦暮读书，不可耽于玩乐，以至丧身破家。[1]

[1] 参见王新龙编著：《中华家训》（卷一），中国戏剧出版社，2009年8月版，第160页。

第 25 则

开卷有益　无论昏明

【原文】

大抵富贵之家教子弟读书，固欲其取科第及深究圣贤言行之精微。然命有穷达[①]，性有昏明[②]，不可责其必到，尤不可因其不到而使之废学。盖子弟知书，自有所谓无用之用者存焉。史传载故事，文集妙词章，与夫阴阳[③]、卜筮[④]、方技[⑤]、小说，亦有可喜之谈。篇卷浩博，非岁月可竟，子弟朝夕于其间，自有资益，不暇他务。又必有朋旧业儒者，相与往还谈论，何至饱食终日，无所用心，而与小人为非也。

——〔宋〕袁采《袁氏世范·子弟不可废学》

【注释】

①穷达：困顿与显达。

②昏明：愚昧和明智。

③阴阳：此处专指日月运转之学。

④卜筮：古时预测吉凶，用龟甲称卜，用蓍草称筮，合称卜筮。

⑤方技：指研究生命的学问，包括医药、房中、炼丹等。

【译文】

大概富贵之家教育子弟读书，大抵是要他们在科举中取得功名，探究圣贤言论行为的精微之处。然而，人的命运注定有困顿或者显达，每个人的资质也有愚昧明智之分，不能苛责每一个人都能达到预定的目标，尤其不能因为他们没有达到预期的目的而让他们放弃学业。大凡子弟读书，本来就有所谓的没有用处的用处存在。子弟们读的书中也有许多看似无用其实有大用的书籍存在。史传中记载历史事迹，文集中收集奇妙的辞章，还有那些阴阳、占卜、方技、小说之类的书，其中也有许多可资谈论的好内容。书籍卷帙浩繁，广博精深，并非一年半载就能读完。子弟们早晚沉浸在书籍中，自会有益处，无暇分心旁骛。又一定要与以儒学为业的人交往，时常往来谈论学问，这样，就不会饱食终日，无所事事，而与小人为非作歹了。

【评析】

读书的目的不一定只是为谋求高官厚禄。开卷有益，只要读书，都可以从中获取一定的知识，因此袁采提出，不论困顿显达，愚钝聪明，都应多读书，在读书中增长见识，提高修养，这样做就不会一味沉浸于吃喝玩乐之中，荒废人生。这是很有警世意义的。此外，不同的学问都有其可取之道，与有学问的人时常交往谈书论学，日积月累，也能裨益身心，防止与坏人混在一起为非作歹。[1]

[1] 参见王新龙编著:《中华家训》(卷二)，中国戏剧出版社，2009 年 8 月版，第 10 页。

第26则

旦旦而学　勤能补拙

【原文】

天下事有难易乎？为之，则难者亦易矣；不为，则易者亦难矣。人之为学有难易乎？学之，则难者亦易矣；不学，则易者亦难矣。

吾资[①]之昏，不逮[②]人也；吾材之庸，不逮人也；旦旦[③]而学之，久而不怠焉，迄乎成，而亦不知其昏与庸也。吾资之聪，倍人也；吾材之敏，倍人也；屏[④]弃而不用，其与昏与庸无以异也。圣人之道，卒于鲁也传之。然则昏庸聪敏之用，岂有常哉？

蜀之鄙[⑤]有二僧，其一贫，其一富。贫者语于富者曰：“吾欲之南海，何如？”富者曰：“子何恃而往？”曰：“吾一瓶一钵足矣。”富者曰：“吾数年来欲买舟而下，犹未能也。子何恃[⑥]而往？”越明年，贫者自南海还，以告富者，富者有惭色。

西蜀之去南海，不知几千里也。僧富者不能至而贫者至焉。人之立志，顾不如蜀鄙之僧哉？是故聪与敏，可恃而不可恃也，自恃其聪与敏而不学者，自败者也；昏与庸，可限而不可限也，不自限其昏与庸而力学不倦者，自力者也⑦。

——〔清〕彭端淑《为学一首示子侄》

【注释】

① 资：天资，天分。

② 不逮：不及，比不上。

③ 旦旦：天天。

④ 屏：同“摒”，除去、排除。

⑤ 鄙：边远的地方。

⑥ 何恃：“恃何”的倒装。恃，凭借、依靠。

⑦ 自力者也：判断句，表示肯定，靠自己的力量，尽自己的力量。

【译文】

天下的事情有困难和容易的区别吗？只要肯做，那么困难的事情也变得容易了；如果不做，那么容易的事情也变得困难了。做学问有困难和容易的区别吗？只要肯学，那么困难的学问也变得容易了；如果不学，那么容易的学问也变得困难了。

我天资愚笨，赶不上别人；我才能平庸，赶不上别人。我坚持每天学习，久不懈怠，等到学成了，也就不知道自己愚笨与平庸了。我天资聪明，超过别人；思维敏捷，也超过别人，却摒弃而不用，那么和平庸的人也就没有差别了。孔子的学问最终是靠不怎么聪明的曾参传下来的。如此看来聪明愚笨，难道是一成不变的吗？

四川偏远之地有两个和尚，一个贫穷，一个富裕。穷和尚对富和尚说："我想要到南海去，你看怎么样？"富和尚说："您凭借着什么去呢？"穷和尚说："我只需要一个水瓶一个饭钵就足够了。"富和尚说："我几年来想要雇船沿长江向下去南海，尚且没有成功。你凭借着什么去！"第二年，穷和尚从南海回来了，把到南海的事告诉了富和尚，富和尚脸上露出了惭愧的神情。

四川距离南海，不知道有几千里路，富和尚不能到而穷和尚到了。一个人立志求学，难道还不如四川偏远之地的那位穷和尚吗？因此，聪明与敏捷，可以凭借也不可以凭借。自视聪明而不努力学习的人，是自己毁了自己。愚笨和平庸，可以限制又不可以限制。不被自己的愚笨平庸所局限而勤学不倦的人，是自强自立的人。

【作者简介】

彭端淑（约 1697—约 1777），清诗文家，字仪一，号乐斋，眉州丹棱（今四川眉山市丹棱县）人。雍正十一年（1733）进士，授吏部主事，迁员外郎、郎中，出为广东肇罗道，为官清廉有政绩。赋闲后家居十余年，主持锦江书院讲席，以实学造士，多所成就。有文名，与弟肇洙、遵泗号称"三彭"。古文学《左传》《史记》，诗质实厚重，尤工五古，张维屏以为"苍健沉郁，大有杜意，似非船山所能及"（《国朝诗人征略》）。著有《白鹤堂文稿》《晚年自订诗稿》《戊戌草》《雪夜诗谈》。

【评析】

《为学一首示子侄》简称《为学》，是一篇勉励子侄勤学上进的文章。

开篇用两个设问句，点明了行文的宗旨，阐述了求学、做学问的道理，说明了求学的结果不在于天赋条件，而在于本人求学的恒心和毅力，以及为达到目的所做的不懈努力。随后文中用四川两个都想朝拜南海的和尚的故事，深入浅出地分析难与易、聪明与平庸之间可以相互转化的辩证关系，揭示了主观努力的重要性，以勉励子侄刻苦学习。文章首尾两段用精心提炼的精辟的句子表达作者的主张；中间用对比的手法和生动的对话引贫僧富僧的故事以证明作者的主张。文中介绍的“贫者”和尚那种不屈不挠，不达目的不罢休的精神更是给人留下了深刻的印象。此文告诉我们，在学习中不能一味强调客观条件的重要性，要注重培养主观品格和意志，将不利的条件转化成有利的条件，不怕困难，学而不怠。[1]

[1] 参见陈才俊主编，谷淑梅注译：《中国家训精粹》，海潮出版社，2011年7月版，第281—282页。

第 27 则

学贵专门　不可游移

【原文】

夫学贵专门，识须坚定，皆是卓然自立，不可稍有游移者也。至功力所施，须与精神意趣相为浃洽[①]，所谓乐则生，不乐则不生也。

——〔清〕章学诚《章学诚家书》

【注释】

① 浃洽：协调。

【译文】

为学贵在专一，识见必须坚定，这都是卓然自立的重要条件，不可游移不定。至于功夫气力用在什么地方，必须与自己的精神志趣相协调。这就是人们所说的，做能让自己高兴的事就容易成功，做不高兴做的事就不易成功。

【作者简介】

章学诚（1738—1801），清史学家、思想家，字实斋，号少岩，浙江会稽（今浙江绍兴）人。乾隆年间进士。官国子监典籍。曾主讲定州定武、保定莲池、归德文正等书院。又入湖广总督毕沅幕府，协助编纂《续资治通鉴》，主修《湖北通志》。毕生精力用于讲学、著述和编修方志。治史重史才、史识、史法，尤重史意，注意“辨章学术，考竟源流”，昭示思想学问的渊源流变。所著《文史通义》，为史学理论名著。所修和州、亳州、永清三志，皆为世所推重。又曾提出修志义例和理论，被梁启超视为方志之学的创立者。还提出“六经皆器”“六经皆史”之说，对治经主张以考证史料和发挥义理相结合，把治经引向治史，开学术思想从经学旧传统中解脱出来的风尚。论文注重内容，反对拟古和形式主义倾向。1922 年有《章氏遗书》刊行。

【评析】

开篇一句“夫学贵专门，识须坚定，皆是卓然自立，不可稍有游移者也”，点明了学习的主旨，主张认定学习目的后，便要坚定不移，不轻易更改。随后谈到“至功力所施，须与精神意趣相为浃洽”，就是达到目的的方法和途径可以由自己的兴趣而定，只有将自己的学习目标与性情志趣结合起来，才能取得更好的学习效果。会学习的人，常把变换学习内容作为休息的一种方式，在现在看来，这也是很可取的学习方法。[1]

[1] 参见陈才俊主编，谷淑梅注译：《中国家训精粹》，海潮出版社，2011年7月版，第295页。

第 28 则

读书贵在有志、有识、有恒

【原文】

盖士人读书，第一要有志，第二要有识，第三要有恒。有志则不甘为下流；有识则知学问无尽，不敢以一得自足，如河伯之观海①，如井蛙之窥天，皆无识者也；有恒则断无不成之事。此三者缺一不可。诸弟此时惟有识不可以骤几②，至于有志有恒，则诸弟勉之而已。

——〔清〕曾国藩《曾国藩家书·致诸弟》

【注释】

① 河伯观海：出自《庄子·外篇·秋水》，说的是秋水大涨，百川的水都汇入大河，河宽得望不清对岸的牛马。河神河伯沾沾自喜，自以为了不得。他顺流东下，到了北海，举目望去，无边无涯，海之壮美，非河可比。河伯非常惭愧，对海神说：如果我不到您这里开开眼界，就要贻笑大方了！这个故事

说明，人要知道人外有人，天外有天，不要盲目自大。
② 骤几：立即成功。

【译文】

士人读书，第一要有志向，第二要有见识，第三要有恒心。有志向则自己不甘心为下流；有见识则知道学无止境，不敢稍有心得就自我满足，像河伯观海，井底之蛙观天，这都是没有见识的；有恒心则必然没有干不成的事情。有志、有识、有恒，三者缺一不可。几位弟弟现在对于见识还不能立刻具备，但有志向，有恒心，则希望你们能勉力而行。

【评析】

曾国藩虽位高权重，但仍希望子弟以读书为业，不靠祖辈恩泽。曾国藩读书强调“虚心涵泳，切己体察”，然后根据各人的具体情况扬长避短，主张读书要有志向，有见识，有恒心。只有这样才能使自己的学问精深，视野开阔，将古人的教诲与自己的所学融会贯通，达到读书问学的目的。[1]

[1] 参见郑宏峰主编：《中华家训》，线装书局，2010年1月版，第499页。

第 29 则

学业才识　不进则退

【原文】

学业才识，不日进，则日退。需随时随事，留心着力为要。事无大小，均有一当然之理，即事穷理[①]，何处非学？昔人云："此心如水，不流即腐。"张乖崖[②]亦云："人当随时用智。"此为无所用心一辈人说法。果能日日留心，则一日有一日之长进；事事留心，则一事有一事之长进。由此累积，何患学业才识不能及人邪！

——〔清〕左宗棠《与陶少云书》

【注释】

① 即事穷理：指根据事实深究它的道理。

② 张乖崖：即张咏（946—1015），山东鄄城人。卒谥忠定，亦称张忠定。官至礼部尚书，诗文俱佳。是北宋太宗、真宗两朝的名臣，与赵普、寇准并称，尤以治蜀政绩著称。

【译文】

学业和才识，不是每天进步，就会每天倒退。需要根据不同的时间和事，时时处处留心。事情不分大小，都有它自然的道理，按照事情来探究道理，处处都是学问。古人说："思想就像流水一样，不流动就会腐败。"张乖崖也说："人应当随时使用自己的智慧。"这是针对不用心的人说的。如果真能天天留心，那么一天就有一天的长进；如果事事留心，那么一事就有一事的长进。这样积累起来，还怎么会怕学业和才识不如别人呢！

【评析】

《与陶少云书》是左宗棠写给女婿陶少云的。陶少云，清代名臣陶澍之子。他告诫女婿，事无大小，在日常生活中要时时刻刻地思考，处处留心皆是学问。"学业才识，不日进，则日退"，如果"能日日留心，则一日有一日之长进；事事留心，则一事有一事之长进"，指出了学问日积月累的重要性。言语简短，内涵深刻，这种观点对今天的人还是很有借鉴意义的。[1]

[1] 参见陈才俊主编，谷淑梅注译：《中国家训精粹》，海潮出版社，2011年7月版，第309页。

第 30 则

读浅近书　日积月累

【原文】

李讷：

病好了没有？想你。要读浅近书，由浅入深，慢慢积累。大部头书少读一点，十年八年渐渐多读，学问就一定就可以搞通了。我甚好。每天读书、爬山。读的是经济学。我下决心要搞通这门学问。天寒，善于保养，不要再患感冒。

父亲

十二月卅日上午六时

——〔当代〕毛泽东

【作者简介】

毛泽东（1893—1976），字润之。湖南湘潭人。伟大的马克思主义者，无产阶级革命家、战略家和理论家，诗人，书法家。中国共产党、中国人民解放军和中华人民共和国的主要缔造者和领导人。马克思主义中国化的伟大开拓者，毛泽东思想的主要创主者。1921 年 7 月出席中共第一次全国代表大会。曾任中共湘区委员会书记、中央组织部部长、中华苏维埃共和国中央执行委员会主席、中共中央军委主席、中共中央主席。新中国成立后，任中共中央主席、中央军委主席、中央人民政府主席、国家主席。

【评析】

李讷，1940 年 8 月生于延安，毛泽东的小女儿。在解放战争时期，毛泽东曾化名李德胜，因此让女儿姓“李”，又取《论语》“君子欲讷于言，而敏于行”中的“敏”和“讷”分别给两个女儿做名字，希望他们成为少说空话、多做实事的人。1959 年，李讷考入北京大学历史系；同年 12 月，毛泽东在外视察期间一直惦记李讷的生活和学习情况，就给李讷写了这封信。

这封信，不仅饱含着父爱的深情与睿智，更包含了一代伟人对如何学习的基本观点。“要读浅近书，由浅入深，慢慢积累”，这是毛泽东几十年学习经验的总结。他要求女儿要循序渐进地学习，不超越自己现有的基础知识和接受能力。经过多年的积累，“学问就一定可以搞通”。毛泽东提倡的这种读书与学习方法，很值得我们学习和借鉴。[1]

[1] 参见鲁秋园编著：《红色家训》，江西人民出版社，2006 年 6 月版，第 173 页。

【劝学故事之一】

隔篱听书　贾逵成才

东汉贾逵 5 岁时就聪明过人。贾逵邻居家天天有小孩读书，他虽然年幼，却知道静静地听。他的姐姐见他这样，十分高兴，便常抱着他到篱笆边听邻家小孩读书。

天长日久，贾逵在 10 岁时就能背诵《诗经》《尚书》《礼记》《易经》等经典了。他的姐姐很是惊诧，便问他："我们家穷，从来没给你请过先生，你是怎么能把这些书籍一字不落地背出来的？"贾逵告诉姐姐，这都是他隔着篱笆听会的。因为家贫，贾逵连纸笔也买不起，于是就经常用院子里的桑树皮写字，或者在家里的门窗、墙壁上写字，边读边记。正是因为贾逵勤学，他后来成为了汉代著名的经学家、天文学家，不少学生不远万里来向他求学，他总是乐于施教。(《拾遗记》)[1]

[1] 参见陆林主编：《中华家训大观》，安徽人民出版社，1994 年 8 月版，第 592 页。

【劝学故事之二】

王冕好学　僧寺夜读

王冕是元代诸暨县人。他小时候，家里十分贫穷。七八岁时，他父亲就让他出去放牛。他不甘心白白地浪费时间，就偷偷地跑进学堂，去听儒生们念书。听完以后，就默默地记在心里。直到傍晚才回家，常常把放的牛都忘记了。为此王冕的父亲很生气，狠狠地打了他一顿。过后，他仍是这样，经常去偷听。他的母亲很开通，说："这孩子对读书这样入迷，何不由着他呢？"这样，王冕才得以有更多的时间去学习。王冕家里很穷，点不起灯，夜里常常到寺庙里，坐在佛像的膝盖上，手里拿着书就着佛像前长明灯的灯光诵读，书声琅琅一直读到天亮。佛像多是泥塑的，有的面目狰狞凶恶，王冕虽是小孩，却神色泰然，好像没有看见一样，一点也不害怕。后来安阳的学者韩性听说了他的事，就将他收为学生。王冕长大后，成了元代著名的诗人、画家。(《元史·王冕传》)[1]

[1] 参见陆林主编：《中华家训大观》，安徽人民出版社，1994 年 8 月版，第 638 页。

（周勇进辑录）

诚信

誠信
乙未春哲野製

第31则

言行可验　诚信之至

【原文】

夫言行可覆[1]，信之至也；推美引过，德之至也；扬名显亲，孝之至也；兄弟怡怡，宗族欣欣，悌之至也；临财莫过乎让。此五者，立身之本。

——〔西晋〕王祥《训子孙遗令》

【注释】

① 覆：核实、验证。

【译文】

言行经得起考验，这是最高的诚信；辞让赞美而自认过失，这是最高的德行；扬名声显父母，这是最大的孝；兄弟和睦，族人愉悦，这是最大的和顺；面对钱财没有比辞让更高尚的了。这五点，是人立身处世的根本。[1]

【作者简介】

王祥（185—269），字休徵，西晋琅邪（今山东临沂）人。汉末隐居庐江三十余年，后任温令，累迁大司农、司空、太尉。

晋代魏，官至太保。王祥早年丧母，侍奉继母至孝，继母于天寒冰凉时欲吃活鱼，他解衣卧冰求鲤，双鲤跃出，他持鱼而归。其事迹编入《二十四孝》。《晋书》有传。

【评析】

原文出自《晋书》卷三十三《王祥传》，系王祥临终训示子孙的遗言。

这段话的前半段，王祥特别叮嘱子孙对其薄葬。这段话则提到做人的“立身之本”：信、德、孝、悌、让，而首言信。

信就是诚实不欺。《千字文》言：“信使可覆”，意思是诚信要经得起考核、检验。王祥把诚实守信看成做人的第一条守则。从修养的角度看，修身、齐家的前提是诚意、正心。“欲齐其家者，先修其身；欲修其身者，先正其心；欲正其心者，先诚其意。”（《大学·经一章》）从社会的角度看，

[1] 参见郑宏峰主编：《中华家训》，线装书局，2010年1月版，第409—410页。

交际双方都出于诚信，事情就好办，否则容易出现欺诈现象，防范的重要手段是检查、验证所有信息的真实性。[1]

据《晋书·王祥传》，王祥临终遗令，其后人“皆奉而行之”。东晋时期，琅邪王氏尤为兴盛，人才辈出，甚至形成与皇室司马氏分庭抗礼的门阀政治格局，史称“王与马，共天下”，可以说，这与王祥的身教与训令是分不开的。

[1] 参见唐松波编 :《古代名人家训评注》，金盾出版社，2006 年 8 月版，第 100 页。

第 32 则

言行有信　口无空许

【原文】

恭为德首，慎为行基。愿汝等言则忠信，行则笃敬，无口许人以财，无传不经之谈，无听毁誉之语。闻人之过，耳可得受，口不得宣，思而后动。若言行无信，身受大谤，自入刑轮，岂复惜汝？

——〔西晋〕羊祜《诫子书》

【译文】

谦恭是道德的纲领，谨慎是行为的根本，希望你们说话要诚信老实，行为要忠厚恭敬，不要空口许诺给人钱财，不要传播缺少依据的言论，不要听信别人诽谤或赞美的话语。如果听到别人的过错，只要耳朵听进去就行，嘴上却不要讲出来，做事要经过深思熟虑再去做。如果说话做事不诚信，不但会受到严厉的指责，而且会受到刑法审判，到那时谁还会怜悯你们呢？

【作者简介】

羊祜（221—278），字叔子，西晋泰山南城（今山东临沂市费县西）人。为司马师妻弟，魏末任相国从事中郎，掌机密。佐命晋武帝受禅登基有功，进号中军将军，加散骑常侍，晋爵为侯。又拜尚书右仆射、卫将军。后都督荆州诸军事，驻襄阳，与东吴大将陆抗相抗。他抚爱士庶，垦田积粮，为灭吴作准备。咸宁初年任征南大将军，身患重病，入朝向晋武帝面陈伐吴之计，在晋武帝决定出兵伐吴后病卒。《晋书》有传。

【评析】

羊祜曾都督荆州诸军事，出镇襄阳，轻裘缓带，以恩信结吴民，任职十年，在任上去世。荆州百姓为之罢市，哭声相接，襄阳人为他在岘山上建碑立庙，望其碑者皆流涕，杜预名之为“堕泪碑。”

本则见《全晋文》卷四十一，系羊祜诫勉其子之言。他在此文前一段谦虚地指出，自己并无过人之处，官职提升很快，是晋武帝皇恩谬加之故。可见他对儿子所要求的，也是他所亲身力行的。此文强调，修德之举，要在言行有信，不能空口许人财物，更不能胡乱传言，轻信传言。“不经之谈”，成了人们常用的成语。而羊祜与陆抗对境相抗，却彼此诚信相待的故事，更是一段广为流传的佳话。[1]

[1] 参见喻岳衡编：《历代名人家训》，岳麓书社，2003年7月版，第42—44页。

第33则

巧伪不如拙诚

【原文】

吾见世人，清名登而金贝入，信誉显而然诺亏，不知后之矛戟，毁前之干橹[①]也。虙子贱[②]云："诚于此者形于彼。"人之虚实真伪在乎心，无不见乎迹，但察之未熟耳。一为察之所鉴，巧伪不如拙诚[③]，承之以羞大矣。伯石让卿[④]，王莽辞政[⑤]，当于尔时，自以巧密；后人书之，留传万代，可为骨寒毛竖也。近有大贵，以孝著声，前后居丧，哀毁踰制[⑥]，亦足以高于人矣。而尝于苫块[⑦]之中，以巴豆涂脸，遂使成疮，表哭泣之过。左右童竖，不能掩之，益使外人谓其居处饮食，皆为不信。以一伪丧百诚者，乃贪名不已故也！

——〔北齐〕颜之推《颜氏家训·名实》

【注释】

① 干橹：盾牌。

② 虙（fú）子贱：又作宓子贱，名不齐，字子贱，春秋末期鲁国人。有才智，仁爱，孔子学生，七十二贤人之一。

③ 巧伪不如拙诚：意为巧妙的诈伪还不如朴拙的诚信。

④ 伯石让卿：见《左传》襄公三十年，郑卿伯有去世，传命伯石为卿，伯石推辞三次，才受命拜接，子产因此厌恶伯石为人虚伪，于是让其处于自己位次之下。

⑤ 王莽辞政：见《汉书·王莽传》，汉哀帝时，王根推荐王莽代替自己为大司马，得到哀帝许可，王莽推辞。哀帝让丞相孔光告知王太后，王莽不即大司马之位，皇帝不敢听政。太后令王莽上任，王莽再次假意推辞。

⑥ 哀毁踰制：指居丧时因悲伤过度而损害身体，超过丧礼规定，违反丧礼制度。

⑦ 苫（shān）块："寝苫枕块"的略称。古人居父母之丧，以草垫为席，土块为枕。

【译文】

我见到世上的人，有了清名，便收纳金钱；有了信誉，就不重然诺，殊不知此举正是以后来之矛戟，戳穿以前之盾牌啊！虙子贱说过："内心的诚实，总会在外表上表现出来。"一个人是虚是实，是真是伪，固然存于内心，但没有不在行动上表现出来的，只是观察得不仔细罢了。一旦他人观察得真切，再巧妙的作伪也不如朴拙而诚实，接着招来的羞辱也够大的。

伯石的推让卿位，王莽的辞谢大司马之职，在当时自以为既巧又密，可是被后人记载下来，留传万世，让人毛竖骨寒了。近来有个大贵人，以孝著称，居丧期间，哀痛悲伤过度，显得高乎于一般人；可他在草荐土块之中，还用有大毒的巴豆来涂脸，有意使脸带疮疤，来显示他哭泣得多么厉害，但这种做作不能蒙过身旁童仆的眼睛，反而使外边人说他丧中的居处饮食都在伪装。在一件事情上露出伪装，便毁掉了百件事情的真，这就是贪慕虚名、不知纪极的结果啊！

【评析】

《颜氏家训》的《名实》篇主要针对当时社会生活中的一些名实不副、弄虚作假的现象而作的。颜之推认为好的名声是由“德艺周厚”“修身慎行”而得来的，是名副其实的，而那些沽名钓誉者以不正当手段获取的虚名，是名不副实的。而虚假的东西终归是要败露的。只要是诚实的，即使比较朴拙，也远胜于那些巧妙的欺诈与虚伪。[1]

[1] 参见郑宏峰主编：《中华家训》，线装书局，2010 年 1 月版，第 70 页。

第 34 则

至诚之本　始于不妄

【原文】

刘公待制器之①尝为本中言："少时就洛中师事②司马公，从之者二年。临别，问公所以为学之道。公曰：'本于至诚。'器之因效颜子之问孔子，曰：'请问其目。'公曰：'从不妄语始。'器之自此专守此言，不敢失坠。"

——〔宋〕吕本中《童蒙训》

【注释】

① 刘公待制器之：即刘安世，字器之，宋人，为司马光好友，曾被司马光推举进入史馆工作。待制为官名。

② 师事：以师礼相待。

【译文】

刘安世待制曾对我说过："年少的时候在洛阳，师事司马公，时间长达两年之久。临别的时候，曾向司马公请教为学之道。司马公说：'最根本的是要诚实。'（我）因而效法古时颜渊问孔子的话进一步请益：'请问具体细目。'司马公回答说：'从不说虚妄之语开始。'自此，我对此言奉守不渝，不敢或忘。"[1]

【作者简介】

吕本中（1084—1145），字居仁，号紫微、东莱，宋寿州（治今安徽凤台）人。吕家世代为宋朝官，并有时誉。本中绍兴六年（1136）赐进士出身。屡次上疏，招纳贤才，以图恢复，后任中书舍人兼侍讲，得罪秦桧，于是弃官讲学，名闻一时，学者称之"东莱先生"。著有《童蒙训》《春秋解》《紫微诗话》《东莱先生诗集》等。《宋史》有传。

【评析】

《童蒙训》共 3 卷，《四库全书总目提要》指出是吕本中家塾训课的教材，所记多为正论格言，多以经训为根本，务切实用，对于立身从政，深有裨益。此则为司马光向刘安世传授的为学之道。

刘安世从学于司马光，司马光教之以诚，并言须自不妄语始。刘勤学

[1] 参见郑宏峰主编：《中华家训》，线装书局，2010 年 1 月版，第 426、428 页。

不倦，一直诚而不妄，七年而后成。后中进士，累升为谏议大夫，在朝廷态度严正，扶持公道，遇事则当朝面争，若皇帝盛怒，则默然旁立；待皇帝怒气消解，又据理力辩，朝廷上下对其恭敬畏惧，称之为“殿上虎”。[1]

[1] 参见《宋史》卷三百四十五《刘安世传》、《元史》卷一百五十八《许衡传》，中华书局标点本，1975 年 2 月版。

第 35 则

信守期诺　毫厘不爽

【原文】

言忠信，行笃敬，乃圣人教人取重于乡曲[①]之术。盖财物交加，不损人而益己；患难之际，不妨人而利己，所谓忠也。有所许诺，丝毫必偿；有所期约，时刻不易，所谓信也。处事近厚，处心诚实，所谓笃也。礼貌卑下，言辞谦恭，所谓敬也。若能行此，非惟取重于乡曲，则亦无入而不自得。

——〔宋〕袁采《袁氏世范·处己》

【注释】

① 乡曲：乡里。

【译文】

言论讲究忠信，行为笃守恭敬的原则，这是圣人教人们获取乡里尊敬的方法。发家致富，以不损人利己为前提；患难之时，以不妨碍别人而利己为基准，这就是人们所说的“忠”。一旦许诺，哪怕是极小的事，也一定要实现；一旦有约定，一刻都不改变，这就是人们所说的“信”。待人接物要宽厚诚实，这就是人们所说的“笃”。对人能以恭敬的礼貌相待，言辞谦恭，这就是人们所说的“敬”。如果能够这样做，不仅能获得乡里的尊敬，而且能够诸事顺利。

【评析】

本则家训出自《袁氏世范》卷二《处己》。该书是袁采的治家格言录，《四库全书提要》称其“于立身处世之道反复详尽”，可与《颜氏家训》相匹。时人称该书“行之一时，垂诸后世”。该书内容分为睦亲、处己和治家三部分，语言通俗平易，娓娓道来，如话家常，虽不深谈为政治国之法，而只就睦亲、处己、治家等事情发表自己的见解，却对治国安邦大有作用。

此则家训强调居处乡里，言论行为要当诚信。临财不损人利己，临难不妨人利己，许人财货，一丝一毫不能少欠，与人约定时间，一分一刻不能迟到。这些原则在今天看来，仍有其借鉴意义。[1]

[1] 参见郑宏峰主编：《中华家训》，线装书局，2010 年 1 月版，第 252—253 页。

第 36 则

立心忠信　不欺为本

【原文】

立志以明道，希文[1]自期待；立心以忠信，不欺为主本；行己以端庄，清慎见操执；临事以明敏，果断辨是非；又谨三尺，考求立法之意而操纵之：斯可为政，不在人后矣，汝勉之哉！治心修身，以饮食男女为切要，从古圣贤，自这里做工夫，其可忽乎？

——〔宋〕胡安国《与子寅书》

【注释】

① 希文：即范仲淹，希文是其字。范仲淹为北宋名臣，《岳阳楼记》作者。

【译文】

立志领会圣贤之道，期待自己能成为范希文（仲淹）一样的人；居心忠厚守信，诚实不欺；行动端庄稳重，操守清廉谨慎；处理事情精明敏捷，果断辨别是非；考求立法的原意，谨慎执法：以此为官行政，你的政绩就不会落后于人了，你好自勉励吧！修养身心，要注意饮食男女这些日常生活问题，古来圣贤都由此入手下功夫，怎可忽视呢？

【作者简介】

胡安国（1074—1138），字康侯，宋建宁崇安（今福建武夷山市）人。宋哲宗绍圣四年（1097）进士，提举湖南学事，曾因得罪蔡京被免职。南宋初任中书舍人兼侍讲，上《时政论》21 篇，后潜心专攻《春秋》，著有《春秋传》30 卷。胡安国为著名经学家，一生以圣人为目标，开创“湖湘学派”，时人称其“如大冬严雪，百草萎死，而松柏挺然独秀”。《宋史》有传。

【评析】

本则出自宋刘清之编《诫子通录》，为胡安国写给其养子胡寅的书信。

胡寅，字明仲，安国弟之子，安国养为己子。宣和进士，靖康初年为校书郎。金人南侵，他上书宋高宗，主张集合各地抗金武装，向北迎回被掳走的徽、钦二帝，而不宜只顾自己做皇帝。后遭秦桧贬谪。著有《论语详说》《读史管见》等，学者称其为致堂先生。[1]

胡氏父子都以节操学问著称。本则讲的是为政做人的道理，强调以诚信不欺为本。至于做官要执法谨慎，处事要精明果断，个人修身要从饮食男女等基本地方下功夫，都非常有道理。

[1] 参见郑宏峰主编：《中华家训》，线装书局，2010 年 1 月版，第 447—448 页。

第 37 则

以诚相待　诚可去伪

【原文】

左季高①待弟②极关切，弟即宜以真心相向，不可常怀智术以相迎距。凡人以伪来，我以诚往，久之，则伪者亦共趋于诚矣。

——〔清〕曾国藩《与沅甫九弟书》

【注释】

① 左季高：即左宗棠，季高是其字，著名湘军将领，晚清重臣。

② 弟：指曾国藩的九弟曾国荃，字沅甫。

【译文】

左季高对待弟弟非常关切，你就应用真心相对，不可常怀诡诈之术，或迎或拒。凡他人以虚伪来待我，我以真诚去对他，时间长了，虚伪者也和我一道趋向于真诚了。[1]

【评析】

本则出自曾国藩咸丰七年（1857）十二月初六写给其九弟曾国荃的书信。其时，曾国藩守父丧居家，曾国荃率军围攻吉安。曾国藩告诫曾国荃，左宗棠待其颇为真诚，国荃也应真诚相待。不仅如此，即使别人以虚伪相待，也仍应待以真诚，不可使小聪明，玩小花招，精诚所至，金石为开，诚实信用可以化去虚伪、欺诈。

[1] 参见郑宏峰主编：《中华家训》，线装书局，2010 年 1 月版，第 758—760 页。

第 38 则

敬信不欺　一生根本

【原文】

忠信笃敬，是一生做人根本。若子弟在家庭不敬信父兄；在学堂不敬信师友，欺诈傲慢，习以性成，望其读书明义理，向后长进，难矣。

欺诈与否，于语言见之；傲慢与否，于动止见之，不可掩也。自以为得，则害己；诱人出此，则害人。害己必至害人，害人适以害己。人家生此子弟，是大不幸，戒之戒之。

——〔清〕张履祥《示儿二》

【译文】

忠诚敬信，是一生做人的根本。如果子弟在家里不敬信自己的父兄；在学校里不敬信老师和学友，欺诈傲慢，习以成性，期望其读书学习、明白义理，日后有所长进，也就困难了！

一个人是否欺诈，能从他的言语中发现；一个人是否傲慢，能从他的行动举止中发现，这些都是无法掩盖的。（欺诈、傲慢），却自为得意，实则害了自己；引诱别人这样做，即是害了别人。害自己则必然会害别人，害别人又恰恰是害自己。家中有这样的子弟，是很不幸的。你们要警惕戒备，警惕戒备！[1]

【作者简介】

张履祥（1611—1674），字考夫，号念芝，明末清初浙江桐乡人。著名理学家，杨园学派创始人。明末，从学刘宗周。明亡后，立志不仕，隐居耕读。因其家住杨园村，学者称之“杨园先生”，著有《补农书》《读易笔记》《愿学记》《近古录》《训子语》《训门人语》等及文集45卷，汇为《杨园先生全集》。《清史稿》有传。

【评析】

本则出自张履祥《杨园先生全集》卷十四。张履祥立身端正，律己甚严，躬自劳作，勤俭朴实，布衣蔬食。他也重视子孙教育，教子要求必须从根本出发，即忠信笃敬。其中，敬信不欺尤为重要，堪为一生之本。简言之，即在家里、在学校，要敬信师长，不能养成欺诈和傲慢的习惯，否则就难以长进了。欺诈之行，害人害己，千万注意避免。

[1] 参见谢宝耿编著：《中国家训精华》，上海社会科学院出版社，1997年12月版，第432页。

第39则

人皆不受欺　勿欺方行久

【原文】

天下无肯受欺之人，亦无被欺而不知人。智者，当境即知；愚者，事后亦知。知有迟早，而终无不知。既已知之，必不甘再受之。至于人皆不肯受其欺，而欺亦无所复用；无所复用，其欺则一步不可行矣。故应世之方，以勿欺为要，人能信我勿欺，庶几[1]利有攸往。

——〔清〕汪辉祖《双节堂庸训》卷四《应世》

【注释】

① 庶几：大概，差不多；也许可以。

【译文】

天下没有肯受欺骗的人，也没有被人欺骗了还不知道的人。那些明智的人，当时就知道了；而那些愚钝的人，事后也会知道。知道的时间有迟早，但最终没有不知道的。既然知道自己受了骗，就一定不甘心再次受骗。

如果到了所有的人都不肯再受他欺骗的地步，他的欺骗也就无法再用了；无法再用，他的欺骗也就一步也行不通了。所以应对世事的方法，以不欺人为首要。人人都能信我，不加欺骗，那就也许可以有利于长远了。[1]

【作者简介】

汪辉祖（1730—1807），字焕曾，号龙庄，清浙江萧山人（今浙江杭州市萧山区）。乾隆四十年（1775）进士，官湖南宁远知县、新田知县，署道州知州，以廉洁见称，后以足疾引退。归家闭户读书，专事著述，所述以务实有用之学为宗。尤精于史学，著有《元史本证》《读史掌录》《二十史同姓名录》《学治佐证》《佐治药言》《学治臆说》等 20 余种。《清史稿》有传。

【评析】

本则出自汪辉祖家训著作《双节堂庸训》第四卷《应世》。该卷专门论述处世的道理，很多地方颇为可取，如诚信待人、宽容退让、坚守独立人格、安贫乐道、谦虚谨慎等，凝聚了中华民族的聪明才智和作者丰富的人生经验。

本则意在告诉人们，人际交往，以诚为先，而保持诚信首在不欺诈。如果待人诚恳，就会有良好的信誉，做什么事情都方便；如果总想通过欺诈蒙骗的手段来损人利己，谎言一旦被戳穿，就再难取信于人，以后的日子就举步维艰了。所以眼光长远的人，是不欺人的。

---

[1] 参见郭齐家、李茂旭主编：《中华传世家训经典》（第二卷），人民日报出版社，2009 年 9 月版，第 767—777 页。

第40则

一言千金　信以为先

【原文】

释信：何谓信，在人言。一言山，一（不）[1]可忘。千金重，九鼎[2]传。昔仲路[3]，孔门贤，无宿诺[4]，信对全。处朋友，信为先，其患难，生死连。家庭内，信宜兼，托孤幼，宗祀绵。死者话，独生前，欺诬泯，许为捐。人若此，庶近焉。

——福建诏安《沈氏族谱》

【注释】

① 编者按：原文为“一可忘”，经核对，应为“不可忘”。

② 九鼎：传国之宝，象征九州。语出《史记·平原君列传》：“毛先生一至楚而使赵重于九鼎大吕。毛先生以三寸之舌，强于百万之师。”九鼎，此处为极其重大之意。

③ 仲路：即仲由，字子路，孔子学生。

④ 宿诺：宿，留，拖延；诺，诺言。语出《论语·颜渊》。孔子说：“子路无

宿诺。”意思即子路言行一致，从不掺假欺瞒，答应今天兑现的事情，决不拖延到明天。

【译文】

“信”的释义：什么是信？人言为信。一言如山，万不可忘；一言千金，重如九鼎。孔门贤士子路，言出必诺，从不拖延，诚信周全。与朋友相处，首先要诚信，要做到患难相交，生死相连。一家之中，要兼有诚信，扶持孤寡，存育少幼，使宗族根脉得以绵延。死人的话，也要像其生前一样去兑现；泯去欺诈、诬骗，既已许言，就要践行。做人能如此，才算接近诚信了。

【评析】

本则出自福建诏安县《沈氏族谱》。该谱对传统道德之“孝悌忠信礼义廉耻”逐一予以解释，分别名为“释孝、释悌、释忠、释信、释礼、释义、释廉、释耻”。中华民族向来重视诚信，所谓一言九鼎，一口唾沫一个钉。生死事小，信诺事大。即使普通百姓人家，也重视然诺，讲究信义，并写入家规族谱，长远流传。[1]

[1] 参见中共福建省委文明办等编译：《福建家训》，海峡出版集团海峡文艺出版社，2014年4月版，第195页。

【诚信故事之一】

曾子烹猪

曾子的妻子去集市，她儿子哭着跟在后面。曾妻就对儿子说："你回去，等我回来杀猪给你吃。"曾子妻子从集市回到家里，见曾子正要捉猪来杀。妻子阻止曾子说："（我说杀猪，）不过是跟孩子开玩笑罢了。"曾子说："小孩子不是用来开玩笑的，小孩子幼稚不懂事，需要跟在父母身边学习成长，听从父母的教诲。现在，如果你欺骗儿子，就是在教儿子学习欺骗。母亲欺骗儿子，儿子就会不信任自己的母亲，这不是教育孩子成人的好办法。"曾子于是把猪捉来杀了。[1]

[1] 参见〔战国〕韩非子著、〔清〕王先慎集解、钟哲点校：《韩非子集解》卷第十一《外储说左上第三十二》，中华书局，1998 年 7 月版，第 287 页。

【诚信故事之二】

忠信还债

明朝时，温璜的祖父很贫穷，曾经向朱姓人借了二十金的钱，买米糊口度日。过了一年，朱姓人病重，他是两槐公手下，所以不敢让他主人知道这笔私债，大家私下都侥幸地以为，这笔债可以不用还了。当时，温璜祖父正客居苏州，偶然得知了朱家消息，就连夜赶回。他没有先回自己的家，而是直接拿着所欠本金与利息，去了朱家。朱姓人此时已经无法开口说话，温璜祖父缓缓取出银两，告诉他说：“先前我欠下的全都一一奉上，请您过目收下。”朱姓人奋力撑起，称颂道：“世上还有像您这样忠信的人啊？我可以闭上口眼了。愿您世世代代都出孝子贤孙。”说完后就断了气。温璜祖父于是哭别而归。家人得知他已经偿还所欠金钱，有说他愚笨的。温璜祖父说：“我确实愚笨，之所以不先回到家里，就是怕被你们这些人迷惑了。”[1]

[1] 参见翟博编：《中国家训经典》，海南出版社，2002 年 6 月版，第 596 页。

【诚信故事之三】

羊陆之交

羊祜为西晋荆州诸军都督，孙吴荆州都督为名将陆抗。羊祜深知，吴国国势虽衰，但仍有一定的实力，荆州尚有陆抗主持军事，平吴之战不宜操之过急。他采取军事蚕食和提倡信义相结合的策略，积蓄实力，瓦解对方，寻找灭吴最佳时机。

羊祜占据了荆州以东的战略要地，并以之为依托，进据肥沃土地，吴人来降者源源不绝。羊祜于是实施怀柔政策，以信义与吴国百姓和军队相交。每次与吴人作战，羊祜都预先与对方商定交战时间，从不突然袭击。有将领主张采取虚诈之策进取吴国的，羊祜就用酒将之灌醉，不给他们进言之机。部下在边界俘获两个吴国少年，羊祜则命令将少年送回。吴将夏详、邵颉等前来归降，那两个少年的父亲也率其部属一起来降。吴将陈尚、潘景进攻羊祜所部，羊祜将二人追杀，但嘉赏他们死于国事，予以厚葬。陈、潘两家子弟前来迎丧，羊祜又以礼送还。吴将邓香进攻夏口，羊祜悬赏将他活捉，又将他放回。邓香感念其恩，率领部属归降。羊祜军队行军经过吴国境内，收割田里稻谷以充军粮，但每次都要根据收割数量用绢偿还。打猎也只能在晋国境内。如有禽兽先被吴人所伤而后被晋兵获得，都送还吴人。吴人对羊祜心悦诚服，称之“羊公”，而不直呼其名。

陆抗十分敬重羊祜的德信，称赞他虽乐毅、诸葛亮也不过如此。陆抗曾患病，羊祜专门给他送药。吴将劝陆抗勿服，陆抗不疑，并说："羊祜怎会用毒药害人呢？"仰而服下。陆抗还时常告诫将士们说："羊祜专以德感人，如果我们只用暴力侵夺，那就会不战而被征服的。各自保住边界就行，不必为小利争夺侵扰。"吴主孙皓听到陆抗与羊祜在边境交和，派人责问陆抗。陆抗回答道："一乡一镇，尚不能不讲信义，何况一个国家呢？如果我不讲信义，那不正好彰显了羊祜的德信，对他有何损伤？"[1]

[1] 参见《晋书》卷三十四《羊祜传》，中华书局标点本，1975 年 2 月版。

【诚信故事之四】

诚实为本

司马光五六岁时偶得一核桃，不会剥壳而食。其姐欲相助，司马光始终不肯。后其姐因事稍离，一婢女帮他去掉外壳。姐姐回来后问是谁去掉外壳的，司马光随口道："我自己去掉的。"其父司马池目睹了事件的全过程，见其撒谎，厉声训道："小孩子怎么能说谎话？"司马光自此之后，严格要求自己，从不妄语。[1]

[1] 参见〔宋〕邵博：《邵氏闻见后录》（卷二十一），中华书局，1983 年 8 月版，第 116—167 页。

（程方勇辑录）

廉正

廉正
乙未春哲野製

第 41 则

遗子清白　胜遗黄金

【原文】

吾家世清廉，故常居贫素，至于产业之事，所未尝言，非直[1]不经营而已。薄躬[2]遭逢[3]，遂至今日。尊官厚禄，可谓备之。每念叨窃[4]若斯，岂由才致，仰藉先代风范，及以福庆，故臻此耳。古人所谓以清白遗子孙，不亦厚乎！遗子黄金满籝[5]，不如一经。详求此言，信非徒语。吾虽不敏，实有本志，庶得遵奉斯义，不敢坠失。

——〔南朝梁〕涂勉《诫子崧书》

【注释】

① 非直：不但，不仅仅。

② 躬：自身，亲自。

③ 遭逢：遇到。

④ 叨窃：不当得而得。

⑤ 籯：竹笼子。

【译文】

我家一直清白廉洁，因此常常感到钱财不足，过着贫困朴素的生活。至于个人财产、家产之事，不但没有亲自经营，而且根本就不曾说过。我通过自己努力，才有了今天。尊贵的官爵，丰厚的俸禄，现在全都有了。这些不当得却得到的东西，难道完全是自己才力所带来的吗？是仰仗祖先的家范训教，加上上天的福佑，才达到这种程度的。古人说“把清白留给子孙，这种遗产不也很厚重吗？”又说“留给子女一竹笼子黄金，不如传给他们一部经书”。仔细推敲这些话，确实不是空话。虽然我不聪敏，却也有这种志向，希望能够遵循、奉行古人这个道理，而不敢丧失。

【作者简介】

徐勉（466—535），南朝梁东海郯县（今山东临沂市郯城县北）人，字修仁。起家齐国子生。射策举高第，补西阳王国侍郎。入梁，居官屡迁。天监七年（508），以吏部尚书主持选官，定百官九品为十八班，以班多者为贵。后命知昭明太子萧统宫事，除尚书仆射。普通六年（525），上修五礼表，诏有司按之遵行。寻加中书令。居显位不营产业，尝谓：人遗子孙以财，我遗之以清白。著有《会林》《妇人集》等。

【评析】

从徐勉给其长子徐崧的这一家书中可见，徐勉是做到了身正的。他不仅自己身正，还能严格教子，令其子继承己志，正道做人。徐勉深信，“遗子黄金满籯，不如一经”，并告诫儿子要“以清白遗子孙”。徐勉的居官治家教子之道，是可贵的、高尚的。反观那些贪婪之徒，为官之后，利用职权，贪赃枉法，拼命攫取财富，还要将这些不义之财留给子孙，最后无不是身败名裂，甚至遗祸于后人。今天，我们有少数做父母的过分疼爱自己的子女，对子女花钱百求百应，从而养成子女从小花钱就大手大脚的坏习惯。年轻的父母应当从这里获得教益。[1]

[1] 参见成晓军主编:《帝王将相家训》(上)，重庆出版社，2008年6月版，第195—201页。

第 42 则

既以利得　必以利治

【原文】

既以利得，必以利治。微染风尘，便乖[1]肃正。坑穽殊深，疮痏[2]未切。纵得免死，莫不破家。然后噬脐[3]，亦复何及。

——〔北齐〕颜之推《颜氏家训·省事》

【注释】

① 乖：背离，违背，不和谐。

② 疮痏：创伤、疤痕。

③ 噬脐：自啮腹脐，比喻自相残害。

【译文】

以权钱交易得官，必然也会为权钱利益去行使权力。只要染上官场恶习，就会背离为官应有的严谨廉正之道。仕途上的陷阱很深，一旦陷进去，所受到的伤痛就很难平复。即使能幸免于死，也没法避免家庭破败，继而亲人之间相互残害的后果，还有什么比这更可怕的呢。

【评析】

北齐末年，奔走钻营谋取官位的人比比皆是。有的人抓住宰相的缺点，以此要挟获得官位；有的人扰乱视听，趁乱求得任用；有的人用钱财买通皇族外戚，获得官位。这些通过不正当手段获得官位的人，虽然显贵一时，但做官之后难免染上仕途恶习，必然会因此招来祸患。因此，《颜氏家训》有力地抨击了这一官场乱象，警示那些热衷名利不顾廉耻之徒。钱权交易、以钱买官是官场恶习，以此显贵者虽不乏其人，然而丑行一旦败露，难免身败名裂，殃及家人。噬脐之痛，追悔莫及。[1]

[1] 参见赵萍主编：《颜氏家训》，吉林大学出版社，2010 年 7 月版，第 72—73 页。

第 43 则

清心做官　莫营私利

【原文】

汝守官[1]处小心，不得欺事，与同官和睦多礼，有事只与同官议，莫与公人[2]商量，莫纵乡亲来部下兴贩[3]。自家且一向清心做官，莫营私利。

——〔宋〕范仲淹《告诸子及弟侄》

【注释】

① 守官：指做官。

② 公人：封建时代称衙门里的差役。

③ 兴贩：经商，贩卖。

【译文】

你在外做官要小心谨慎，不得有欺骗之事，与同僚要和睦多礼，有事就和同僚商讨，不要与衙役商量。不要放纵乡亲来你的辖区经商营利。自己做官要坚守清廉秉公之心，不要去谋取私利。[1]

【作者简介】

范仲淹（989—1052），北宋政治家、文学家。字希文，苏州吴县（今江苏苏州）人。大中祥符进士。少时贫困力学，出仕后有敢言之名。庆历三年（1043），任参知政事，建议十事，主张建立严密的任官制度，注意农桑，整顿武备，推行法制，减轻徭役。因为保守派反对，不能实现。他亦罢去执政，出任陕西四路宣抚使。后在赴颍州途中病死。范仲淹工于诗词散文，所作文章富于政治内容，词的风格较为明健。《岳阳楼记》中"先天下之忧而忧，后天下之乐而乐"的名句，传诵千古。有《范文正公集》。

【评析】

本则是范仲淹对儿子和弟侄们有关从政做官的家训。范仲淹不仅自己为官清正，生活节俭，关心民间疾苦，而且对儿子和弟侄们要求也很严格。

---

[1] 参见王新龙编著：《中华家训》（卷一），中国戏剧出版社，2009年8月版，第197—198页。

他特别强调“清心做官，莫营私利”；“莫纵乡亲来部下兴贩”；“守官处小心不得欺事”。作为一个封建社会的官吏，能如此身体力行，风清气正，并以此教导家人，真是难能可贵。[1]

[1] 参见夏家善编著：《家训粹语》，南开大学出版社，2001 年 12 月版，第 263 页。

第44则

子若贤能　何必积金满堂

【原文】

夫生生之资①，固人所不能无，然勿求多余。多余希不为累②矣。使其子孙果贤耶，岂蔬粝③布褐④不能自营，至死于道路乎？若其不贤耶，虽积金满堂，奚益哉？多藏以遗子孙，吾见其愚之甚也。

——〔宋〕司马光《家范》卷二《治家·祖》

【注释】

① 生生之资：生活必需品。前一个“生”是动词，后一个“生”是名词。

② 累：累赘。

③ 蔬粝：粗食。

④ 褐：兽毛或粗麻粗布制成的短衣。古时为贫穷人所穿。

【译文】

生活生计，钱财物资，固然是生存所必需的，但是也不要贪多。财物太多了，就会成为拖累。如果子孙后世确实贤能，怎么会连粗茶淡饭、布衣粗麻都解决不了，以至于因饥寒死于路旁呢？如果子孙无能，即使金满堂、银满屋，也没有什么好处。祖辈们将积累下来的财富，留给子孙后代，我觉得是非常愚蠢的。[1]

【作者简介】

司马光（1019—1086），北宋大臣、史学家。字君实，陕州夏县（今属山西）涑水乡人，世称涑水先生。宝元进士。仁宗末年任天章阁待制兼侍讲知谏院。英宗朝进龙图阁直学士，判吏部流内铨。立志编纂《通志》，作为封建统治的借鉴。治平三年（1066）撰成战国迄秦《通志》8 卷上进。英宗命设局续修。神宗时赐名《资治通鉴》。王安石行新政，他竭力反对，与安石在帝前争论，强调祖宗之法不可变。被命为枢密副使，坚辞不就，于熙宁三年（1070）出知永兴军（今陕西西安）。次年退居洛阳，以书局自随，继续编撰《通鉴》，至元丰七年（1084）成书。从发凡起例至删削定稿，都亲自动笔。为相 8 个月病死，追封温国公。遗著有《司马文正公集》《稽古录》等。

[1] 参见王新龙编著：《中华家训》（卷二），中国戏剧出版社，2009 年 8 月版，第 148 页。

【评析】

《家范》并非司马光偶然所撰。他家家法非常严明。父亲司马池，官任天章阁待制，为人正直清廉，对司马光有深刻的影响。司马光忠信孝友，正直恭俭，居处有规，行动有礼。他真诚待人，自少至老，未尝胡言乱语。儿子司马康，自幼端谨，不妄言笑，为人正直，口不言财，侍奉父母非常孝顺。司马光一家三代之所以名扬青史，与良好的家风、家教是分不开的。

本则家训说明了一个道理：积聚财富留给子孙，并不能使子孙世代富有，反而容易养成子孙骄奢恶习，甚至危及自身。因此，司马光不仅自己为官不聚财，死后屋子里也“床箦萧然”。他还在家训里将不以钱财遗子孙，而必须以义方训其子、以礼法齐其家的道理教诫后代。所以他的后辈们能够继承家风，以清廉自守。[1]

[1] 参见成晓军主编：《帝王将相家训》（下），重庆出版社，2008年6月版，第52页。

第 45 则

报国恤民　清廉节俭

【原文】

子孙倘有出仕者，当蚤夜[1]切切，以报国为务。抚恤下民，实如慈母之保赤子。有申理[2]者，哀矜[3]恳恻[4]，务得其情，毋行苛虐。又不可一毫妄取于民。若在任衣食不能给者，公堂资而勉之。其或廪禄有馀，亦当纳之公堂，不可私于妻孥，竞为华丽之饰，以起不平之心。违者天实临之。

子孙出仕，有以赃墨[5]闻者，生则于谱图上削去其名，死则不许入祠堂。

——〔元〕郑太和《郑氏规范》

【注释】

① 蚤夜：蚤，通“早”；蚤夜，指从早到晚。

② 申理：申告冤屈。

③ 哀矜：怜悯。指对遭受灾祸的人要怜悯，不要幸灾乐祸。

④ 恳恻：诚恳痛切。

⑤ 赃墨：贪污受贿。

【译文】

子孙中如果有做官的，应当从早到晚辛勤工作，以报效国家为务。抚恤平民，要像慈母保护孩子一样。有申冤的，要以怜悯诚恳的态度对待，一定要掌握真实情况，不能敷衍了事。不得从老百姓手中搜括一毫一厘的钱财。如果在任期间因为官清廉生活上有困难，家族公堂可以资助勉励他；如果俸禄有余，应当交给公堂，不能私自给自己的妻子儿女，让他们竞相追求华丽的衣着服饰，从而在家族中引起不平衡的心态。违背此规定的人，老天也会惩罚他的。

子孙当官，如果有因贪污受贿而招致坏名声的，活着的时候，要把他的名字从家谱图册上删去；死了也不准进入祠堂。[1]

【作者简介】

郑文融，字太和，别字顺卿。生卒年不详。元婺州浦江人（今属浙江）。至大年间受元朝嘉奖。他为人方正，不信佛道。继其从兄文嗣主持家事，家规森严，家庭中凛然如同官府。子弟稍有过，即使是头发半白的人，也要受到鞭打的惩罚。以此远近名闻，官府下令免除其家徭役，并由余阙写了“东浙第一家”的匾额来旌表他。他曾在元朝当过官，但也不敢稍违

[1] 参见王新龙编著：《中华家训》（卷一），中国戏剧出版社，2009年8月版，第156—157页。

家规。著述除《郑氏规范》外，还辑录宋以来诸家题赠诗赋及题跋、碑志、序记等，共为一编，即《麟溪集》。

【评析】

郑氏大家庭运用《郑氏规范》中的多种方法，精心教育子弟，既培养了一批有才干的管理人才，又形成适应大家庭需要的纪律和协作精神及为社会所称道的行为规范。郑氏大家庭之所以能延续 300 多年，其家规谨严无疑是重要原因。《郑氏规范》中一些修身、齐家、处世的道德规范，不仅在民间广泛借用，甚至在明代的法律中也引入了不少的内容。其中对子孙中出仕者在勤政廉政、爱民安民等方面都作了详尽的道德与行为规范。本则家训并没有停留在“报国为务，抚恤下民”等空洞的大道理说教上，而是进一步教导：倘有出仕子孙，要爱护平民，不要妄取平民丝毫。如果俸禄不能保证家庭供给，则由家族公产“资而勉之”，从制度上确保了家族子弟为官的清正廉洁。[1]

[1] 参见何桂美著：《古代家庭道德教育》(上篇)，中国地质大学出版社，2010 年 7 月版，第 98 页。

第46则

取财当廉　厚积招怨

【原文】

人能知富之为累[1]，则取之当廉，而不必厚积以招怨；视之当淡，而不必深忮[2]以累心。思我即有此财货，彼贫穷者不取我而取谁？不怨我而怨谁？平心息忿，庶不为外物所累。俭于居身，而裕[3]于待物，薄[4]于取利，而谨于盖藏，此处富之道[5]也。

——〔清〕张英《聪训斋语》卷一

【注释】

① 累：拖累。

② 忮：嫉妒。

③ 裕：宽容大方。

④ 薄：微薄。

⑤ 道：方法，态度。

【译文】

一个人如果能够知道财富的拖累和危害，那么在想获取财富时就应当以俭约为宜，而不必厚积钱财招来怨恨；应当把钱财看得淡薄些，而不必深深嫉妒别人而疲累自己的身心。要想到自己有了这些财物，那些贫困穷苦的人不向自己索取向谁去索取呢？不怨恨自己去怨恨谁？做到心平气和，才不会为外物所困扰。自己居身节俭，而对待事物宽容大方；取利要微薄，而知谨慎珍惜。这就是对待财富的态度。

【作者简介】

张英（1637—1708），清安徽桐城人，字敦复，号乐圃。康熙进士。康熙十六年（1677）迁侍讲学士，旋入值南书房，得圣祖信任，一时制诰，多出其手。后官至文华殿大学士兼礼部尚书。曾任《一统志》《渊鉴类函》《政治典训》《平定朔漠方略》总裁。著有《周易衷论》等。

【评析】

张英在本则家训中指出，一个人的功名利禄与家庭财富，切不可妄求多取厚积，应听其自然。同时应一切于自身处着力，不应怨天尤人。要以平淡的心境、阔达的胸怀对待功名，对待钱财，对待子孙。[1]

[1] 参见成晓军主编：《名臣名儒家训》（下），重庆出版社，2008 年 6 月版，第 571 页、594—597 页。

第 47 则

为官者须近君子远小人

【原文】

州县亲民，称职匪益，能造福亦能造孽，第一要将利心打破，莫作润身肥家之计。我家仰荷[①]君恩，得有今日，必须发愤学做好官，力图报称[②]。平日将吏治诸书多读广览，悉心讲求，以为将来展布[③]。尤须近正直，远邪佞[④]，崇节俭，戒浮华，习勤劳，儆[⑤]偷惰。昔人云："为官是苦人，做官是苦事。"以官为乐，必不能做好官。

汝到省后，必有一般势利小人趋承亲近。少年喜其柔佞，鲜不入其彀[⑥]中，一与交结，受害无穷。书中所谓近正远邪，尤紧要语也。汝其慎之。

——〔清〕倭仁《倭文端公遗书·示曜侄》

【注释】

① 仰荷：敬领，承受。

② 报称：报答。

③ 展布：施展。

④ 邪佞：奸邪小人。

⑤ 儆：告诫，警告。

⑥ 彀：比喻圈套、牢笼。

【译文】

州县官员最接近普通百姓，要称职很不容易。他们既能为百姓谋福利，也能给百姓带来灾难。第一要将为自己谋取私利的想法取消，不要有做官发财的打算。我们家蒙受帝王的宏恩，才有今天这样的地位，你必须发愤学习做个好官，竭力报效国家。平时要广泛阅读各种吏治的书，用心钻研，为将来施展才能打下基础。特别要亲近正直的人士，疏远花言巧语的小人，注重节俭，戒掉奢侈轻浮，勤奋努力，并且杜绝懒惰的恶习。古人说："为官是苦人，做官是苦事。"如果一个人认为做官是为了享乐，那么他必定做不成一个好官。

你到任以后，一定会有一些势利小人趋迎奉承。年轻人都喜欢接近那些表面和气而实际上奸邪之人，少有不中其圈套的。一旦与这样的人结交往来，受害无穷无尽。古书中所说的亲近正直、疏远奸邪，是很重要的话。你应当慎之又慎。[1]

【作者简介】

倭仁（1804—1871），清末蒙古正红旗人，乌齐格里氏，字艮峰。

[1] 参见王新龙编著：《中华家训》（卷一），中国戏剧出版社，2009 年 8 月版，第 205—206 页。

道光进士。理学家唐鉴的弟子，与曾国藩、何桂珍等“讲求宋儒之学”。历任大理寺卿、光禄寺卿、工部尚书、文渊阁大学士、文华殿大学士。同治六年（1867）上奏反对奕䜣等选用科甲官员入同文馆学习天文、算学的主张，强调内治，反对洋务，认为“立国之道，尚礼义不尚权谋；根本之图，在人心不在技艺”，引起洋务派和顽固派之间的一场大争论。著有《倭文端公遗书》。

【评析】

本则家训是倭仁写给侄儿的家书节录。倭仁明确告诫侄儿，做官的好坏与百姓切身利益密切相关。做一个好官必须首先摈弃利己之心，才能做到为官一任，造福一方。要做一个好官，必须在平时广读博览古往今来有关吏治方面的书籍，以增长自己解决实际问题的能力。要做一个好官，必须讲求实际，吃苦耐劳，只有这样才能体察民情，设身处地为那些辛苦劳作的百姓着想。要做一个好官，还必须多亲近正直之人，拒绝与那些阿谀奉承、势利小人交朋友。他引用前人“为官是苦人，做官是苦事”的话，认为“以官为乐，必不能做好官”。这些话语中充满着可资借鉴的做官治事的人生哲理，可谓至理名言。[1]

[1] 参见李宝忠等主编：《名人家训》，山东友谊出版社，1998年4月版，第380页。

第 48 则

为官私肥者耻　留财于后人者羞

【原文】

大凡做官的人，往往厚于妻子而薄于兄弟，私肥于一家而刻薄于亲戚族党。予自三十岁以来，即以做官发财为可耻，以宦囊[1]积金遗子孙为可羞可恨，故私心立誓，总不靠做官发财以遗后人。神明鉴临[2]，予不食言。

——〔清〕曾国藩《致澄弟温弟沅弟季弟》

【注释】

① 宦囊：宦，指做官；囊，口袋，引申为获得；指做官所得。

② 鉴临：省察。

【译文】

大凡做官的人，往往厚待自己的妻子儿女，而薄待自己的兄弟；背地里使自己一家富有，而对亲戚、家族比较刻薄。我自三十岁以来，就认为靠做官来发财是非常可耻的，把做官积累下来的财富留给子孙当作可羞可恨的事。因此暗暗立下誓言，决不靠做官发财积累财富留给后人。天地神明可鉴，我决不食言。[1]

【评析】

本则家训体现了曾国藩重要的人生志向，就是做官不是为了发财，更不应当留下钱财给子孙，重在引导他们自谋生计。这就是人们所说的："子孙有用，留钱没有用；子孙无用，留钱也没有用。"与此同时，他还反复告诫自己的兄弟，把钱财留给他们，并不是真心爱子孙。这种把钱财视为身外之物，反对当官发财和遗财子孙的观念，至今仍有借鉴意义。[2]

[1] 参见王新龙编著：《中华家训》（卷四），中国戏剧出版社，2009年8月版，第65—66页。
[2] 参见唐兆梅、成晓军编著：《曾国藩家训》（上），重庆出版社，2006年12月版，第37页。

第 49 则

崇俭尚廉　无愧于心

【原文】

应领收之俸给及一切饷银，未尝侵蚀丝毫，未尝置一新袍。敝衣草屣[①]，御之而心气舒泰。中怀澄然无滓，可以明彻天地，俯仰无愧怍[②]。是以历劝家中，幸以余为法[③]，以戒奢侈、崇俭实，戒贪欲、崇廉义为要义，不可妄制一衣，妄用一钱也。

——〔清〕彭玉麟《彭玉麟家书》

【注释】

① 敝衣草屣：破旧的衣服和草鞋。

② 愧怍：惭愧。

③ 法：法度、准则、标准。

【译文】

应该领受的俸禄及一切饷银，我没有多侵占丝毫，也没有为自己添置一件新袍。破旧的衣服和草鞋，穿起来更加心情舒畅、泰然处之。心中纯净无私、澄清无浊，可以明彻天地，任何时候任何地点都不会觉得羞愧。所以，我总是劝诫家里的人，要以我的做法为准则，以戒除奢侈、崇尚节俭朴实，戒除贪欲、崇尚廉洁仁义为首要之务，不可随便添置一件衣服，乱花一文钱。[1]

【作者简介】

彭玉麟（1816—1890），清末湘军将领。字雪琴，湖南衡阳人。咸丰三年（1853）随曾国藩创办湘军水师，购买洋炮，制造大船。其后在湘潭、岳州（治今岳阳）、田家镇、九江、安庆和天京（今南京）等地与太平军作战。授兵部右侍郎，加太子少保，有廉直名。光绪九年（1883）擢兵部尚书，以衰病辞，受命赴广东办防务，后以病开缺回籍。

【评析】

彭玉麟一生以勤俭节约著称。他平时粗衣淡食，脚穿草鞋，如平民百姓一般察访于民间。即使是在辞官退居之后，仍在长江岸边自置一茅舍，名为“退省庵”，过着朴素的生活，这在封建社会是很难得的。

本则是彭玉麟对弟弟的家训。彭玉麟教诲他们，以“戒奢侈、崇俭实，戒贪欲、崇廉义为要义”，并以修建“补过斋”旧屋为例进行说教，要他们“常思谦退”。这些家训，很实际、很具体，也很可行。[2]

---

[1] 参见王新龙编著：《中华家训》（卷一），中国戏剧出版社，2009 年 8 月版，第 222 页。

[2] 参见谢宝耿编著：《中国家训精华》，上海社会科学院出版社，1997 年 12 月版，第 410 页。

第 50 则

生得有意义　死得有价值

【原文】

一个人不怕短命而死，只怕死得不是时候，不是地方。中国人很重视死，有重于泰山，有轻于鸿毛。为了个人升官发财而活，那是苟且偷生的活，也可以叫做虽生犹死，真比鸿毛还轻。一个人能为了最多数中国民众的利益，为了勤劳大众的利益而死，这是虽死有生，比泰山还重。人只有一生一死，要生得有意义，死得有价值。

——〔民国〕邓中夏《革命烈士书信续编·狱中遗言》

【作者简介】

邓中夏（1894—1933），中国无产阶级革命家、中国早期工人运动领导人。原名隆渤，号仲澥，湖南宜章人。1917 年入北京大学学习，五四运动时北京学联的领导人之一。1920 年参加北京中国共产党早期组织。

1921年年初创办长辛店劳动补习学校和进步刊物《劳动者》。1922年任中国劳动组合书记部主任，先后参加领导长辛店铁路工人、开滦煤矿工人和京汉铁路工人大罢工。在全国发动劳动立法运动，起草《劳动法大纲》。1923年参与创办上海大学，任校务长。1925年领导上海日商纱厂工人二月大罢工和省港大罢工。曾任全国总工会秘书长、宣传部长，中共江苏省委和广东省委代书记。1928年去莫斯科出席赤色职工国际第四次代表大会，并任中华全国总工会驻赤色职工国际代表。1930年回国，后任中共湘鄂西特委书记、中国工农红军第二军团政委、中国革命互济会党团书记。中共第二、第五届中央执行委员，第三、第六届候补中央委员。1933年5月在上海被国民党当局逮捕，9月在南京就义。遗著有《中国职工运动简史》及《邓中夏文集》等。

【评析】

本则家训是邓中夏在狱中写给家属和同志们的“遗言”。文中对生与死进行了分析，认为：“为了个人升官发财而活，那是苟且偷生的活，也可以叫做虽生有死”；而一个人能为了最多数中国民众的利益，为勤劳大众的利益而死，这是“虽死有生”。他指出：“要生得有意义，死得有价值。”这篇遗训大义凛然、气势磅礴，表现了革命者的高尚气质。[1]

[1] 参见谢宝耿著：《中国家训精华》，上海社会科学院出版社，1997年12月版，第524—525页。

【廉正故事之一】

我官好比周老倌

新中国成立之初，谢觉哉担任第一任内务部部长。其间，湖南老家务农的子女、亲属想凭着他的地位，来北京找个工作。谢老劝他们不要来。他说：离别多年，子女要看父亲，父亲也想看看子女，是人之常情，但绝不可以想靠我这个官会得到什么个人好处。他写诗一首："你们说我做大官，我官好比周老倌，起得早来睡得晚，能多做事即心安。"后来，有个儿子不听劝阻来到北京，要求父亲给安排个工作。当时，新中国刚刚成立，政府工作人员很缺乏，按理说，安排一个人的工作并不是什么难事，但谢觉哉没有这样做。他耐心地教育儿子说："全国刚刚解放，下头更需要人，你有文化，还是回家乡去工作好。"后来，他的妹夫又当面提出安排工作的要求，他也没有答应。他说："你要我安排你的工作，除非我回去当老百姓，你来当部长。"

谢觉哉就是这样，始终对家人严格要求，表现出了一个共产党人严于律己、廉洁奉公的高尚情操。[1]

[1] 参见鲁秋园编著：《红色家训》，江西人民出版社，2006 年 6 月版，第 80 页。

【廉正故事之二】

要“夹着尾巴做人”

习仲勋家风之严，在很多人看来似乎有点不近人情。女儿习乾平“文化大革命”前毕业于外交学院，学的是法语，分配到《国际商报》工作。20世纪80年代，光大公司邀请习乾平加入，被习仲勋婉拒，并教导女儿，人只要有才能，在哪里都可以发挥作用，就怕你没有本事。你是习仲勋的女儿，就要“夹着尾巴做人”。习乾平后多次因工作原因出国，习仲勋知道后，就要她说清楚出去的理由。父女俩为此在一次吃饭时燃起“战火”。女儿顶撞说，我是记者，我是学外文的，出国是工作需要。习仲勋忽地站了起来，把筷子一摔，高声说道，哪有那么多的工作需要？不要什么行为都加上工作的名义！直到女儿表示今后不再随便出去，要踏踏实实工作后，他才消了气。

儿子习正宁，是“文化大革命”前中国科技大学自动控制专业的高才生，毕业后分配到陕西户县山沟里一个国防科研单位工作，一干就是13年。党的十一届三中全会后，刚恢复的解放军后勤学院急需从军内外选调一批专业技术人员。由于习正宁各方面的条件都符合要求，被选中并迅速办理了调动手续。就在快要报到之前却起了变故，原来习仲勋得知此事后，没有与儿子商量就让学院撤回了调令。习正宁想不通，认为这完全是正常的工作调动，与父亲没有任何关系。习仲勋深知儿子当年是因他的牵连而在毕业分配时受了影响，但他这次还是让陕西省委做工作，要儿子继续留在原单位。他说，不能让人说我习仲勋刚刚恢复工作就调儿子回北京，如果那样做就会影响党在群众中的威信。[1]

[1] 参见《习仲勋传》编委会编：《习仲勋传》（下卷），中央文献出版社，2013年8月版，第638—639页。

（詹利萍辑录）

仁爱

仁爱飞来春
哲野製

第51则

施仁者　推己及人

【原文】

夫仁者，己欲立而立人，己欲达而达人。能近取譬[①]，可谓仁之方也已。

——〔春秋〕孔子《论语·雍也》

【注释】

① 能近取譬：就近从己身取例，然后推己及人的修养方法。

【译文】

一个有仁爱之心的人，自己想立得住，就让众人也立得住；自己想行得通，就让众人也行得通。凡事都能从身边的事做起以推及他人，可以算是实行仁爱的方法了。

【评析】

本则家训是孔子对弟子的训导语录，文中孔子回答了弟子子贡问怎样做才是“仁”的问题。“己欲立而立人，己欲达而达人”是孔子的一个重要思想，也是实行“仁爱”的重要原则和方法。如果自己立得住，行得通，也可以让他人也立得住，行得通；自己追求仁爱，就要将心比心，推己及人。这也是实现人与人之间的和谐关系所必不可少的原则。[1]

[1] 参见施忠连编著：《四书五经鉴赏辞典》（新 1 版），上海辞书出版社，2013 年 12 月版，第 53—55 页。

第 52 则

——爱人者人恒爱之　敬人者人恒敬之——

【原文】

孟子曰："君子所以异于人者，以其存心也。君子以仁存心，以礼存心。仁者爱人，有礼者敬人。爱人者，人恒爱之；敬人者，人恒敬之。有人于此，其待我以横逆，则君子必自反[①]也：我必不仁也，必无礼也，此物[②]奚宜[③]至哉？其自反而仁矣，自反而有礼矣，其横逆由[④]是也，君子必自反也：我必不忠。自反而忠矣，其横逆由是也。君子曰：'此亦妄人也已矣。如此，则与禽兽奚择[⑤]哉？于禽兽又何难焉？'"

——〔战国〕孟子《孟子·离娄下》

【注释】

① 自反：自我反省。

② 此物：指上文所说"横逆"的态度。

③ 奚宜：为什么会。

④ 由：通“犹”。

⑤ 择：区别。

【译文】

孟子说：“君子与一般人不同的地方在于，他内心所怀的念头不同。君子内心所怀的念头是以仁待人，以礼律己。仁爱的人爱别人，礼让的人尊敬别人。爱别人的人，别人也爱他；尊敬别人的人，别人也尊敬他。假如这里有一个人对我蛮横无理，那君子必然会反躬自问：一定是我不仁，一定是我无礼吧，不然，他怎么会对我这样呢？如果反躬自问是仁的，是有礼的，而那人仍然蛮横无理，君子必定再次反躬自问：一定是我不忠吧？如果反躬自问是忠的，而那人仍然蛮横无理，君子就会说：‘这人真是狂妄无知啊。这样的人和禽兽有什么区别呢？而对禽兽又有什么可责难的呢？’”

【作者简介】

孟子（约前 372—前 289），战国时思想家、政治家、教育家。名轲，字子舆。邹（今山东济宁市属邹城市东南）人。受业于子思的门人。历游齐、宋、滕、魏等国，一度任齐宣王客卿。因主张不见用，晚年与弟子万章等著书立说。把孔子“仁”的观念发展为“仁政”学说。提出“民贵君轻”说，劝告统治者重视人民，阐述了儒家重民思想。极力主张“法先王”、“行仁政”、恢复井田制度、省刑薄赋。肯定人性生来是善的，都具有仁、义、礼、智等天赋道德意识。还指出“劳心者治人，劳力者治于人，治于人者食人，治人者食于人”这一历史事实。其学说对后世儒者影响很大，被认为是孔子学说的继承者，有“亚圣”之称。著作有《孟子》。

【评析】

本则家训是孟子关于处理人际关系的论述。孟子认为：君子居心于仁，居心于礼。爱别人的人，别人也爱他；恭敬别人的人，别人也恭敬他。如果有人对自己蛮横无理，那么首先不是去埋怨他人，更不是马上就以牙还牙，加以报复，而是把这事看成是自我完善的契机，立即“自反”，检查自己是否以仁对待他人。只要我本于善心，诚恳地责己待人，而他人良心未泯，必然会善待于我。遇事经常反躬自问，便容易与人互谅互让，和睦相处。[1]

[1] 参见施忠连编著：《四书五经鉴赏辞典》（新1版），上海辞书出版社，2013年12月版，第172—175页。

第 53 则

喜人有福　恶人有祸

【原文】

仁者，谓其中心[①]欣然爱人也。其喜人之有福，而恶[②]人之有祸也。生心之所不能已也，非求其报也。故曰："上仁为之而无以为也。"

——〔战国〕韩非子《韩非子·解老》

【注释】

①中心：内心。

②恶：厌恶，不喜欢。

【译文】

所谓仁，是指从心里由衷地爱人。是说喜欢别人得到幸福，而害怕别人遭到祸害，这是从心中生出的一种抑制不住的仁爱之情，是不求回报的情感。所以老子说："最高境界的仁是为仁，而不是为了达到某种目的。"

【作者简介】

韩非（约前 280—前 233），战国末哲学家，法家主要代表人物。出身韩国贵族。与李斯同师事荀子。曾建议韩王变法图强，不见用。著《孤愤》《五蠹》《说难》等十余万言，受到秦王政的重视，被邀出使秦国。不久因李斯、姚贾谗害，自杀于狱中。其学说吸收道、儒、墨各家的思想，集法家学说的大成。著作有《韩非子》。

【评析】

韩非认为，仁是发自内心的一种自然的情感。"仁者，谓其中心欣然爱人也。其喜人之有福，而恶人之有祸也。生心之所不能已也，非求其报也"，这种情感不涉及利害关系，没有目的性，希望人们有福，不希望人们有祸，完全是无私的。[1]

[1] 参见王威威编著：《韩非思想研究：以黄老为本》，南京大学出版社，2012 年 4 月版，第 79 页。

第 54 则

严于律己　宽以待人

【原文】

仁之法在爱人[①]，不在爱我；义之法在正[②]我，不在正人。

——〔汉〕董仲舒《春秋繁露·仁义法》

【注释】

① 爱人：儒家谓“爱人”一般指爱作为社会人群泛称的人，即“泛爱众”。此处之“人”意为“他人”，亦指众人。

② 正：端正。

【译文】

“仁”的道德规范在于爱他人，而不是爱自己；“义”的法则在于端正自身，而不是纠正他人。

【作者简介】

董仲舒（前179—前104），西汉哲学家，今文经学大师。广川（今河北景县）人。专治《春秋公羊传》。曾任博士、江都相、太中大夫和胶西王相。其学以孔孟儒家思想为主体，杂以阴阳五行说、法家集权思想，把神权、君权、父权、夫权贯穿在一起，形成以“天人感应”说为基础，以“三纲五常”为核心的封建思想体系。著作有《春秋繁露》及《董子文集》。

【评析】

董仲舒认为，所有的人都应当以仁的态度待他人，而以义的规范约束自己，是一种自觉的道德意识。文中对“仁”的解释极为精辟、简练。他认为“仁”的道德规范是爱他人，而不是爱自己，这是对孔孟思想的继承与发展。[1]

[1] 参见铭箴译注：《诸子百家名句赏析》，广州出版社，2008年5月版，第39页。

第 55 则

博爱之谓仁　行而宜之谓义

【原文】

博爱之谓仁，行而宜之谓义，由是①而之焉之谓道。足乎己②，无待于外之谓德。

——〔唐〕韩愈《原道》

【注释】

① 是：指仁义。

② 足乎己：自己心中很满足。

【译文】

仁就是博爱，即广泛地爱人；按照道德标准与客观情况采取适宜的行动就叫义；根据仁义去做，就能达到道的境界。内心满足快乐，不需要外来的帮助和安慰就是德。

【作者简介】

韩愈（768—824），唐代文学家、哲学家。字退之，河南河阳（今河南孟州）人。自谓郡望昌黎，世称韩昌黎。早孤，由兄嫂抚养成人。刻苦自学，贞元年间进士。任监察御史，以事贬为阳山令。赦还后，曾任国子博士、刑部侍郎等职。参与平定淮西之役。因谏阻宪宗迎佛骨，贬为潮州刺史。官至吏部侍郎。卒谥曰文，世称韩文公。唐代古文运动的倡导者。其文在继承先秦、两汉古文的基础上，加以创新和发展，气势雄健，被尊为唐宋八大家之首。著有《昌黎先生集》。

【评析】

韩愈在其《原道》开篇就提到“博爱之谓仁”，以“博爱”释“仁”，推崇“仁”的主张。韩愈对“仁”“义”“道”“德”的阐释，非常具有代表性，对后世产生了极大的影响。[1]

---

[1] 参见刘兰英等编著：《中国古代文学词典》（第四卷），广西人民出版社，1986年2月版，第520页。

第 56 则

博爱苍生　仁厚于心

【原文】

汝父为吏，尝夜烛治官书，屡废而叹。吾问之，则曰："此死狱也，我求其生不得尔！"吾曰："生可求乎？"曰："求其生而不得，则死者与我皆无恨也；矧[①]求而有得邪！以其有得，则知不求而死者有恨也。夫常求其生，犹失之死，而世常求其死也。"……利虽不得博于物，要其心之厚于仁。

——〔宋〕欧阳修《泷冈[②]阡表[③]》

【注释】

① 矧（shěn）：何况。

② 泷冈（shuāng gāng）：在今江西永丰县凤凰山。

③ 阡（qiān）表：阡，墓道；阡表，即墓碑。

【译文】

你父亲做官时，经常夜里点着蜡烛批阅公文案卷，屡次停下来感叹。我问他，就说："这是个死刑案件，我想给他求一条生路，可是实在是找不到，不得不杀啊。"我问："生路可以求取吗？"他说："想为他寻求生路却无能为力，那么死者和我就都没有遗憾了；更何况有时还能使罪犯有一条生路啊。既知有时还有生路可求，则知若不尽力求取，枉死者就会有遗恨了。经常为死囚求生路，还有因失误被处死的，何况世人多欲令其死呢！"……对人有利的事虽不能够遍及每个人，关键是要宅心仁厚，有一颗仁爱之心。

【评析】

本则家训出自《泷冈阡表》，是欧阳修为其父母之墓所写的墓道碑文。作者用讲故事的方式来记叙和展开，通过其母讲述的父亲生前关于为死囚求生路的对话，体现父亲的宅心仁厚。文中记录了父母对欧阳修的谆谆教诲和殷切希望，特别是"利虽不得博于物，要其心之厚于仁"，即好处虽不能遍及天下人，但最要紧的是自己要有仁爱之心。其感情真挚，发自肺腑，撼人心扉，为后人称道。[1]

[1] 参见陈才俊编著，谷淑梅注译：《中国家训精粹》，海潮出版社，2011年7月版，第182—183页。

第 57 则

和睦之道　强不欺弱

【原文】

和睦之道，勿以言语之失，礼节之失，心生芥蒂[1]。如有不是，何妨面责，慎勿藏之于心，以积怨恨。天下甚大，天下人甚多，富似我者，贫似我者，弱似我者，千千万万，尚然弱者不可妒忌强者，强者不可欺凌弱者，何况自己骨肉。有贫弱者，当生怜念，扶助安生；有富强者，当生欢喜心，吾家幸有此人撑持门户。譬如一人左眼生翳[2]，右眼光明，右眼岂欺左眼，以皮屑投其中乎？又如一人右手便利，左手风痹[3]，左手岂妒忌右手，愿其同瘫痪乎？

——〔清〕王夫之《姜斋文集补遗》卷一

【注释】

① 芥蒂：梗塞的东西，比喻心里的嫌隙或不快。

② 翳（yì）：眼角膜病变的一种眼部疾病。

③ 风痹（bì）：肢体失去知觉而不能移动的一种麻痹的病症。

【译文】

人与人之间相处融洽的道理，在于不因言语、礼节上的过失而心生嫌隙。对方如果有不对的地方，不妨当面批评，不要藏在心里而积怨成恨。天下很大，天下人也很多，像我一样富裕的人，像我一样贫困的人，像我一样强大的人，像我一样弱小的人，有千千万万、多到难以计数，尚且弱小的人不可以妒忌强大的人，强大的人也不可以欺凌弱小的人，更何况自己的骨肉兄弟呢。对于贫穷弱小的人，当有怜悯之心，全力扶助他得以平安生存；对于富裕强大的人，当有欢喜之心，庆幸家族中能有这样的人可以撑持门户。比如一个人左眼因病视物困难，右眼健康可见光明，右眼怎么能欺负左眼，把灰屑投进去呢？又比如一个人的右手很灵活，左手却患了麻痹病，左手岂能妒忌右手，希望右手一起瘫痪呢？

【评析】

本则家训是王夫之写给侄子的家信节录。文中教诲他在与人相处过程中，应当和睦团结、相互支持。文章采用比喻的手法，形象生动地用双眼双手的密切关系作比喻，来说明人与人之间不要相互妒忌、拆台的重要性。这则家训通俗平易，含义深刻，不同于刻板的说教。[1]

[1] 参见谢宝耿编著：《中国家训精华》，上海社会科学院出版社，1997年12月版，第207页。

第 58 则

一言一动　皆思益人

【原文】

与人相交，一言一事皆须有益于人，便是善人。余偶以忌辰[①]著朝服出门，巷口见一人，遥呼曰："今日是忌辰！"余急易之。虽不识其人，而心感之。如此等事，在彼无丝毫之损，而于人为有益。每谓同一禽鸟也，闻鸾凤[②]之名则喜，闻鸺鹠[③]之声则恶；以鸾凤能为人福，而鸺鹠能为人祸也。同一草木也，毒草则远避之，参苓则共宝之；以毒草能鸩人，而参苓能益人也。人能处心积虑，一言一动，皆思益人，而痛戒损人，则人望之若鸾凤，宝之如参苓，必为天地之所佑，鬼神之所服，而享有多福矣。此理之最易见者也。

——〔清〕张英《聪训斋语》卷二

【注释】

① 忌辰：也称忌日，旧俗有很多禁忌，如对国家来说，皇帝、皇后死亡之日是忌日；对家庭来说，父母或祖辈死亡之日是忌日。

② 鸾凤：鸾鸟和凤凰，民间认为是吉祥之鸟。

③ 鸺鹠（xiū liú）：黑褐色的鸟，民间认为是不吉利之鸟。

【译文】

和别人交往，一言一行都要对别人有好处，这就是善人。一次我偶然在忌日那天穿了朝服出门，在巷口看到一个人老远招呼说："今天是忌日！"我急忙回去换了朝服。虽然不认识这个人，但心里很感激他。像这样的事情，对对方来说，没有一点损失，而对他人却很有好处。由此联想到动植物，同样是鸟类，听到鸾凤的名字就很高兴，而听到鸺鹠的声音就讨厌，这主要是认为鸾凤能给人带来幸福，而鸺鹠则给人带来灾祸。同是草木，看见毒草，人们就远远地躲避，看到人参、茯苓，人们就视为宝贝，这是因为毒草能毒害人，而人参、茯苓对身体有益。倘若人能处心积虑，一言一行都考虑有益于他人，而不去损害别人，那么人们就会像盼望鸾凤，珍爱人参、茯苓那样对待他，这样的人就会得到天地的佑护、被鬼神所叹服，有享不尽的福气。这种道理是显而易见的。

【评析】

本则是张英教导后辈的家训。张英在家教中从来不主张疾言厉色，而是使用日常的浅白语言，细致耐心，循循善诱。他教导儿子张廷玉为人处事，要"处心积虑，一言一动皆思益人"，做一个有益于他人的善人。这种训教无疑对家庭、对社会均有裨益，值得发扬光大。[1]

[1] 参见谢宝耿编著：《中国家训精华》，上海社会科学院出版社，1997年12月版，第36页。

第 59 则

与人为善　以善养人

【原文】

古圣人之道，莫大乎与人为善。以言诲①人，是以善教人也；以德熏②人，是以善养人也：皆与人为善之事也。然徒与人，则我之善有限，故又贵取诸人以为善。人有善，则取以益我；我有善，则与以益人。连环相生，故善端无穷；彼此挹注③，故善源不竭④。

——〔清〕曾国藩《曾文正公全集》

【注释】

① 诲：教诲。

② 熏：熏陶。

③ 挹（yì）注：比喻从有余的地方取出来，以补不足。

④ 竭：用尽，枯竭。

【译文】

古时的圣人之道，最重要的就是与人为善。用言语来教诲人，是用善来教育人；以品德来熏陶人，是用善来修养人；这都是与人为善的事情。然而若仅仅是将我的善给予他人，这种善行太有限，因此，贵在博取众人的善意为善。别人有善，那么就取来裨益于我；我有善，那么就裨益于人。这样相互连接、相互促进，那么美好善良的产生也就无穷无尽了；彼此取长补短，那么美好善良的源头也就不会枯竭了。

【评析】

本则家训中曾国藩强调的是“为善”，既予人，又取之于人，若要“为”，必须先“善”。“与人为善，取人为善”出自《孟子》。曾国藩继承这个思想并对其作了详尽的解释，他在与人交往、处理政务的时候就坚持实践这一原则，并以之教育子弟，使得家族的人才聚集，逐渐兴旺发达起来。[1]

[1] 参见孟祥国编著：《为政古鉴》，人民日报出版社，2009年5月版，第168页。

第 60 则

大爱者以天下人为念

【原文】

语云：仁者“老吾老以及人之老，幼吾幼以及人之幼”①。吾充吾爱汝之心，助天下人爱其所爱，所以敢先汝而死，不顾汝也。汝体吾此心，于啼泣之余，亦以天下人为念，当亦乐牺牲吾身与汝身之福利，为天下人谋永福也。

——〔清〕林觉民《广州三月二十九日革命史》

【注释】

①“老吾老以及人之老，幼吾幼以及人之幼”：语出《孟子·梁惠王上》。

【译文】

孟子说：仁爱之人“尊敬自己的长辈，从而推及尊敬别人的长辈；爱护自己的子女，从而推及爱护别人的子女”。我将我爱你的心进行扩展，帮助天下人爱他所爱的人，为此我敢于先你而牺牲，舍你而去。希望你能体谅我一番心意，在悲伤啼哭之余，以天下人为念，当乐于牺牲我与你的利益，为天下人谋永久的幸福。

【作者简介】

林觉民（1887—1911），中国民主革命者。字意洞，号抖飞，又号天外生，福建闽县（今福建福州）人。14 岁进福建高等学堂，毕业后到日本留学，加入同盟会，从事革命活动。清宣统三年（1911）得黄兴、赵声通知，回国约集福建同志参加广州起义（黄花岗之役），随黄兴攻打总督衙门，受伤被捕，从容就义。为黄花岗七十二烈士之一。

【评析】

本则家训是林觉民写给妻子的家信节录。林觉民在 1911 年 4 月 27 日黄花岗起义前三天即 4 月 24 日晚写给其妻子陈意映的诀别信，表达了革命者“为天下人谋永福”而不惜牺牲个人利益乃至生命的博大胸怀和视死如归的大无畏精神，读来感人肺腑，令人忍不住掉泪。[1]

[1] 参见谢宝耿编著：《中国家训精华》，上海社会科学院出版社，1997 年 12 月版，第 517—519 页。

【仁爱故事之一】

仁官范仲淹

范仲淹在越州作知府时，有一个叫孙居中的人，病死在做官期间，他的孩子很小，家属贫困没有钱，回不了家乡。范仲淹拿出自己的俸禄，替他们准备船只，而且派部下送他们回乡。临走之前，又写了一首诗，交代说："路上如有关卡盘查，把这首诗拿给他看。"诗中写道：十口相依走河川，来时暖热去凄然。关津不必问姓氏，此是孤儿寡母船。意思是：这一家十口相依为命，乘船过河，他们来时暖热，去时凄凉悲哀，关口不必问姓名，这是孤儿寡母所乘的船。因为范仲淹的帮助，孙家一家老小顺利返回了家乡。

范纯仁是范仲淹的儿子。有一次范仲淹要他从京城把五百斗麦子运回江苏老家。在中途遇到他父亲的老朋友，当他得知父亲的朋友父母去世无钱安葬，女儿没有嫁出，生活十分窘困时，马上卖掉五百斗麦子，把这些钱拿给这位长辈。结果钱还不够，于是他又把运麦子的船卖了。

范纯仁回京城见他父亲，报告了他在途中遇到父亲故友，决定把五百斗麦子卖了去帮助他，然后说："但是钱还不够。"范仲淹对儿子说："那你就把船也卖了！"结果儿子回答："我已经把它卖了。"

范纯仁掌管庆州的时候，有一年闹饥荒，饿殍满路。范纯仁请发常平仓大米，救济灾民。郡官认为必须上奏才可以发米。范纯仁说："人不吃就要死，上奏再发，一来一去，时日颇长，济什么事。你们不必担忧，有罪我来担待。"于是当天发米赈灾，救活了无数灾民。[1]

[1] 参见袁了凡、净空法师编著：《了凡四训讲记》，北方文艺出版社，2010年7月版，第196—197页。

【仁爱故事之二】

顾觊之火烧债券

南朝宋顾觊之家庭和睦，家族在家乡很有名望。他有五个儿子，第三子顾绰家产丰厚，乡邻大多欠着他的债。顾觊之常禁止他放债，却总是不见效。

后来，顾觊之当了家乡吴郡的太守。一次，他心生一计，哄骗顾绰道："以前我禁止你放债，是因为我们在家乡没有什么势力，恐怕债放出去收不回来；如今我当了家乡的太守，可以为你去讨债了，还怕什么？你的债券都在哪儿呢？"顾绰听父亲这么说，不禁大喜，将一大柜子债券全拿出来交给他。顾觊之拿到债券，就一把火烧得干干净净。他特意对远近乡亲宣布道："你们欠我三儿子的债一概不用再还，我已经把债券全部烧掉了！"

顾绰懊丧至极，却又无可奈何，唉声叹气了一整天。[1]

[1] 参见陆林主编：《中华家训大观》，安徽人民出版社，1994年8月版，第603页。

【仁爱故事之三】

李士谦乐善好施

隋朝李士谦生性善良。一日，他看见一个小偷在他家的田中偷割稻谷，他不但不喊捉贼，反而不声不响地避开。人们觉得很奇怪，他解释说："俗语有言，树树要皮，人人要脸。人谁不要脸皮呢？人谁自愿做贼呢？都是因为天灾人祸，逼得没有办法，应该宽恕他呀！"后来那位偷稻贼得知此事，深受感动，从此不再做贼，成为善人。

有一年荒岁，很多乡人无法生活，李士谦拿出家中的数千石存谷，借给行将断炊的穷人。到了第二年，因为仍旧歉收，上年借谷的人都无法偿还，到李士谦家中表示歉意，但李士谦并未要求他们偿还欠谷，反而招待他们吃饭，并当众把借谷的债券烧掉。他说："我家中的存谷，本来是预备救济大家患难之用的，并不是想囤积图利。现在你们的债务已经了结，希望你们不要再放在心上。"众人感激不已，表示以后一定归还。

隋开皇八年（588），李士谦死于家中，时年66岁。赵郡的男女老少听说后，痛哭流涕地说："老天为什么不让我们死，而让李参军死呢？"当时参加葬礼者有一万多人。[1]

[1] 参见浙江古籍出版社编著：《青少年国学读本·仁爱篇·中国人格的根基》，浙江古籍出版社，2010年7月版，第101—102页。

（李季辑录）

孝慈

孝慈
乙未春哲野製

第 61 则

子欲养而亲不待

【原文】

夫树欲静而风不停，子欲养而亲不待。往[1]而不来者，年[2]也；不可再见者，亲也。

——《孔子家语》记〔春秋〕丘吾子语

【注释】

① 往：逝去的。

② 年：这里指时光。

【译文】

树想静止不动，风却不停地吹动树叶；子女想赡养父母，父母却等不到这一天。逝去就永远追不回来的是时光，过世后就再也见不到面的是父母亲人。

【作者简介】

本则家训为《孔子家语》所记丘吾子与孔子的一段对话。丘吾子，即丘吾,（生卒年不详），春秋时期齐国大臣，曾“长事齐君”。相传孔子适齐，中途闻人哀哭。孔子问之，哀哭之人说他是丘吾子。孔子问他为何哀哭，丘吾子说自己有三个过失：小的时候爱好学问，周游天下，归来的时候父母已经去世；长期侍奉齐国国君，国君却骄奢失士；平生爱交朋友，现在却都离去。随后说了“夫树欲静而风不停，子欲养而亲不待。往而不来者，年也；不可再见者，亲也。请从此辞”这段话，就投水而死了。孔子令弟子引以为戒，有不少弟子为此辞归而养亲。后人以丘吾为孝子的代称。

【评析】

本则家训出自《孔子家语·致思第八》。该书是三国魏经学家王肃为批评郑玄经说而编写的一部著作，其中记述了有关孔子的一些逸文逸事。原书已佚，分存 10 卷。清人孙志祖著有《家语疏证》，今人冯国超编有《孔子家语》可资参阅。《孔子家语》所记孔子及孔门弟子的一些思想言行，包涵许多哲理，对我们有深刻的借鉴意义。孝被认为是中华传统中的重要美德之一，也是儒家家庭伦理的核心。所谓“百善孝为先”，自古以来中华民族就极为重孝。文中丘吾子感叹的子女想尽孝时，父母却已经亡故的无奈，也是不少世人的感叹和无奈。“往不可追，养亲不待”，时光流逝不可追回，父母逝去不能再尽孝，告诫世人尽孝需及时，而不要等到父母离世后再去感叹，那时已经追悔莫及。[1]

---

[1] 参见冯国超主编：《孔子家语》，吉林人民出版社，2005 年 7 月版，第 47 页。

第 62 则

养亲不顾　不孝有五

【原文】

公都子曰："匡章，通国皆称不孝焉。夫子与之游，又从而礼貌之，敢问何也？"孟子曰："世俗所谓不孝者五：惰其四支①，不顾父母之养，一不孝也；博弈好饮酒，不顾父母之养，二不孝也；好货财，私妻子，不顾父母之养，三不孝也；从耳目之欲，以为父母戮②，四不孝也；好勇斗很③，以危父母，五不孝也。章子有一于是乎？夫章子，子父责善而不相遇也。责善，朋友之道也。父子责善，贼恩之大者。夫章子，岂不欲有夫妻子母之属哉？为得罪于父，不得近，出妻屏④子，终身不养焉。其设心以为不若是，是则罪之大者，是则章子已矣。"

——〔战国〕孟子《孟子·离娄下》

【注释】

① 支：同“肢”。

② 戮：羞辱。

③ 很：同“狠”。

④ 屏（bǐng）：放出去，赶出去。

【译文】

公都子说：“匡章（齐国人），满城的人都说他不孝，先生您却和他来往，并且以礼相待，请问是什么原因呢？”孟子说：“世人常说不孝的事情有五件：四体不勤，不顾父母生活，为一不孝；好下棋喝酒，不顾父母生活，为二不孝；好钱财，偏爱妻室儿女，不顾父母生活，为三不孝；放纵声色欲望，而使父母受辱，为四不孝；逞强好斗，危及父母，为五不孝。这五种表现中章子有哪一种呢？章子不过是父子之间以善相责而把关系弄僵罢了。以善相责，这是朋友的相处之道。父子之间以善相责，是最伤害血缘亲情的事。章子难道不想夫妻母子团聚吗？只是因为得罪了父亲，不能和父亲亲近，就赶走了妻子，疏远了儿子，终身不受他们的侍养。他认为不这样做，就是最大的罪过，这就是章子的为人。”

【评析】

本则家训节选自《孟子·离娄下》，文中指明了不孝的行为，又指出了孝的内涵。章子的母亲启得罪其父，其父杀之，而埋于马栈之下。章子因此事和父亲关系闹僵。而当齐威王封章子为将时允诺如果打了胜仗就为他母亲改葬，却为章子谢绝，理由是父亲生前未做此吩咐。世人皆认为章子不孝，孟子却认为章子并未不孝，只是章子择善而从而已。因为自责，章子“出妻屏子”，终生不受他们的侍奉。章子的例子给后人以启示，不仅不能有不孝的行为，在面对父母的“错误行为”时，如何“择善而从”，也需要好好考量。[1]

[1] 参见孙芝斋编注：《孟子今译》，浙江大学出版社，2011年4月第1版，第197页。

第 63 则

慈父爱子　不为图报

【原文】

慈父之爱子，非为报也，不可内解于心……三月婴儿，未知利害也，而慈母之爱谕[①]焉者，情也。故言之用者，昭昭[②]乎小哉；不言之用者，旷旷[③]乎大哉！

——〔汉〕刘安《淮南子·缪称训》

【注释】

① 谕：知道。

② 昭昭：宣扬。

③ 旷旷：宽广。

【译文】

慈父疼爱自己的子女，并不是谋图将来子女的回报，而是内心无法割舍自己疼爱子女之情……刚出生几个月的婴孩，不懂得世间的利害关系，却懂得慈母对他（她）的一片爱心，那是婴孩与母亲之间情感相通的缘故。因此，言语的作用，能够说出来的其义反而显得有限；不言之言，其作用才显得广阔无边。

【作者简介】

刘安（前 179—前 122），西汉思想家、文学家。沛郡丰（今江苏丰县）人。汉高祖之孙，袭父封为淮南王。好读书鼓琴，善为文辞，才思敏捷，奉武帝之命作《离骚传》。曾“招致宾客方术之士数千人”，编写《鸿烈》（又称《淮南鸿烈》，后人通称《淮南子》），《汉书·艺文志》列为杂家。其内容以道家的自然天道观为中心，综合先秦道、法、阴阳等各家思想，认为宇宙万物都是“道”所派生的，“道”是“覆天载地”，“高不可际，深不可测”而“含阴阳”的东西。认识上提出“物至而神应”，“知与物接，而好憎生焉”，并强调后天的学问和教养。在政治上主张“无为而治”，但提出“苟利于民，不必法古；苟周于事，不必循旧”（《汜论》）的观点。后以谋反事发自杀，受株连者达数千人。有集，已佚。

【评析】

《淮南子》，是西汉淮南王刘安主持撰写的一部以道家思想为主导，综合诸子思想的著作，具有重要的文化史价值。本则用朴实的语言表达了为人父母对子女的纯朴情感。所谓“可怜天下父母心”，父母对子女的爱总是无私的，不求回报。父母给予子女生命，含辛茹苦把子女抚养成人，并不是为了子女长大后索取更多的回报，而是一种自然天性。而作为子女的，孺慕之情，亦当常记心怀。[1]

[1] 参见郭齐家、李茂旭主编：《中华传世家训经典》（第四卷），人民日报出版社，2009 年 9 月版，第 1302 页。

第64则

父母爱子　一视同仁

【原文】

人之爱子，罕亦能均。自古及今，此弊多矣。贤俊者自可赏爱，顽鲁者亦当矜怜，有偏宠者，虽欲以厚之，更所以祸之。共叔①之死，母实为之。赵王②之戮，父实使之。刘表③之倾宗覆族，袁绍④之地裂兵亡，可为灵龟⑤明鉴也。

——〔北齐〕颜之推《颜氏家训·教子》

【注释】

① 共叔：即共叔段。春秋时郑国国君郑庄公之弟，因母亲纵容，从小骄纵不法，终至发动叛乱，被郑庄公平定。事见《左传·隐公元年》。

② 赵王：即赵隐王刘如意。汉高祖与戚姬所生之子。

③ 刘表（142—208）：字景升，东汉末山阳高平（今山东邹城）人。汉远支皇族。

④ 袁绍（？ —202）：字本初，东汉末汝南汝阳（今河南商水）人。在与各地势力的混战中，逐渐占据冀、青、幽、并四州，成为当时地广兵多的割据势力。建安五年（200）在官渡为曹操所败，不久病死。

⑤ 灵龟：龟名。旧时用以占卜。

【译文】

人们喜爱自己的孩子，却很少能做到一视同仁。从古到今，这种弊病很多。聪明漂亮的孩子，当然值得赏识喜爱；愚蠢迟钝的孩子，也同样需要怜悯同情。特别受宠的孩子，父母虽然想用自己的爱厚待他，反而因此害了他。共叔的死，实际是他母亲造成的；赵王如意被毒害，实际是他父亲促使的。其他如刘表宗族倾覆，袁绍兵败地失，这些都像灵龟、明镜一样可供借鉴。

【评析】

《颜氏家训》是一部系统完整的家庭教育教科书，是作者关于修身、治家、处事、治学的经验总结，在传统中国家庭教育史上影响巨大，被称为“古今家训，以此为祖”。本则家训出自该书《教子篇》，列举出一些家教失败的著名事例，来说明父母对待所有的子女都要有慈爱之心，应当一视同仁。聪明伶俐的孩子自然是人见人爱，愚钝的孩子也需要父母的关怀。做父母的如果偏爱一个孩子，冷落另一个孩子，共叔的死、赵王如意被毒害、刘表宗族的覆灭等都是前车之鉴。此中的道理，值得深思。[1]

[1] 参见程小铭译注：《颜氏家训全译》，贵州人民出版社，1993 年 5 月版，第 13 页。

第65则

生则尽养　死不妄费

【原文】

人子之孝，本于养亲以顺其志，死生不违于礼，是孝诚之至也。观今之俗，贫富之家，多于父母异财，兄弟分养，乃至纤悉无有不校①；及其亡也，破产卖宅，盛为酒肴，以劳亲知，施于浮图②，以求冥福。原其为心，不在于亲，将以夸③胜于人，是不知为孝之本也。生则尽养，死不妄费，如此岂不善乎？

——〔宋〕蔡襄《福州五戒》

【注释】

① 校（jiào）：计较，考虑。

② 浮图：亦作“浮屠”。

③ 夸：炫耀。

【译文】

为人子女的孝敬，最根本的在于侍奉父母，顺从父母的心思做事，无论生死都不能与礼节相背，这才是孝顺忠诚的最高表现。而观察今日的风俗，无论是贫穷还是富贵之家，大多是与父母别居，兄弟几人分开赡养父母，乃至于很细小的事情也要算计。到父母死的时候，出卖物产田宅，把所得用来买酒买肉，设宴款待亲朋好友，把钱财施舍给寺庙僧侣，以求得到冥神佑护。追源他们的用意，其实并不在于为双亲送终，而是借以炫耀胜过他人，这是不懂孝敬之道的根本。父母活着时尽心尽力奉养，去世后不乱花费，这样不是最好吗？

【作者简介】

蔡襄（1012—1067），北宋书法家。字君谟，兴化仙游（今福建莆田市仙游县）人。官至端明殿学士。工书，学虞世南、颜真卿，并取法晋人。正楷端重沉着，行书温淳婉媚，草书参用飞白法。为“宋四家”之一。传世碑刻有《万安桥记》，书迹有《谢赐御书诗》和书札、诗稿等。后人辑有《蔡忠惠集》。

【评析】

《福州五戒》是蔡襄任福州知府时观察民情民风之后写的一篇训诫，分述了五个方面的风俗和具体纠正的措施，虽针对福州风俗，但对于每一个家庭都有借鉴意义。文中批判一些子女在父母生前不尽孝、死后却奢侈浪费大办葬礼、博取他人夸奖的现象，认为这根本不是真正的“孝”。当今社会，的确有一些人，父母在世的时候不尽孝道，斤斤计较，不尽心赡养，去世后却大操大办，风光大葬，花费无数，目的只是为了赢得一个所谓的“好名声”。其实，生能够尽养，才是真正的尽孝。而能够做到“死不妄费”，不追求虚名，也是实实在在的孝行。[1]

[1] 参见王新龙编著：《中华家训》（卷一），中国戏剧出版社，2009年8月版，第179页。

第 66 则

父母之命　省而速行

【原文】

凡子受父母之命，必籍记而佩[1]之，时省[2]而速行之，事毕则反命焉。或所命有不可行者，则和色柔声，具是非利害而白之，待父母之许，然后改之；若不许，苟于事无大害者，亦当曲从。若以父母之命为非，而直行己志，虽所执皆是，犹为不顺之子，况未必是乎？

——〔宋〕司马光《居家杂仪》

【注释】

① 佩：携带。

② 省（xǐng）：提醒。

【译文】

凡是子女接受父母的命令，一定要记录下来并随身携带，时刻提醒自己并尽快去付诸行动，事情做完了即向父母复命。有时候父母的命令有不可行的，则要和颜悦色、语气委婉，向父母陈述其间的是非利害，等到父母允许，然后再改过来；如果不允许，对某件事没有大的危害，也应当委曲服从。如果认为父母的命令不对，而坚持按自己的意志行事，即使自己的意见都是正确的，也是不孝顺的子女，况且不一定对呢？

【评析】

《居家杂仪》是司马光为其家族制定的道德生活规范，将长幼有序、孝敬老人等道德要求融入到拱手、起立、让道、就餐等生活起居琐事中，通过规范子孙日常行为，潜移默化地进行道德教育。这套“家规”中的一些要求已不符合时代，不可全然搬用，但其“以规则促习惯”的方式值得借鉴。司马光一生孝顺父母、友爱兄弟、忠于朝廷，他言传身教，以身示范，深深影响了其子孙后代。他的教育理念至今仍有着积极的意义，值得现代人借鉴。[1]

[1] 参见魏舒婷编著：《传统家训》，黄山书社，2012 年 6 月版，第 7 页。

第 67 则

人之孝行　根于诚笃

【原文】

人之孝行，根于诚笃[①]，虽繁文末节不至，亦可以动天地，感鬼神。尝见世人有事亲不务诚笃，乃以声音笑貌缪[②]为恭敬者，其不为天地鬼神所诛则幸矣，况望其世世笃孝而门户昌隆者乎！苟能知此，则自此而往，应与物接，皆不可不诚，有识君子，试以诚与不诚者较其久远，效验孰多？

——〔宋〕袁采《袁氏世范》

【注释】

① 诚笃：真挚深厚。

② 缪：伪装。

【译文】

人的孝顺行为，源自于内心真挚深厚的情感。若是真心诚意，即使一些细小之处未能做到，也可以感动天地和鬼神了。我曾见过有些人侍奉父母时不真心真意，只是表面上假装很恭敬、孝顺，这种人不遭天地鬼神的惩罚已经算幸运了，怎么能指望他们子孙世代孝顺、家族兴旺发达呢！人们如果能明白这个道理，从今以后，与人交往就不能不以诚相待，有见识的君子不妨观察比较一下，看看哪种做法效果更好？

【评析】

本则家训阐明了“人之孝行，根于诚笃”的孝的内涵。衡量子女对父母的孝心，不是表面上假装恭敬、孝顺，而是看是否有诚心，感情是不是真挚深厚。诚心孝顺父母，即使是有些细节做得不够到位，也可以感动天地，称作“真孝”。如果只做表面功夫，虚假做作，实在算不上真正的孝顺。这一点可以说是见解深刻，发人深省。[1]

[1] 参见郭齐家、李茂旭主编：《中华传世家训经典》（第四卷），人民日报出版社，2009年9月版，第1377页。

第 68 则

家人有过　不宜暴扬

【原文】

家人有过，不宜暴扬，不宜轻弃。此事难言，借他事隐讽①之；今日不悟，俟②来日正警之。如春风之解冻，如和气之消冰，才是家庭的型范③。

——〔明〕洪应明《菜根谭》

【注释】

① 隐讽：借用其他事物来暗示，婉转劝人改过。

② 俟（sì）：等待。

③ 型范：典型、模范、榜样。

【译文】

家中有人犯了过错，不应当暴露宣扬；也不应当态度冷漠，不管不问。如果这次的过失不便直接说，可以借别的事情暗示他；如果他不能立刻觉悟，就要耐心等待以后再提醒他。要像春风化解大地的冰冻一样慢慢来，又要像温暖的气流溶化冰块一样在不知不觉中进行，这才是和气家庭的典范。

【作者简介】

洪应明，生卒年不详，明代思想家、学者、道士。字自诚，号还初道人。《四库全书》收有他的《仙佛奇踪》4 卷。从《菜根谭》的内容及洪应明的友人孔兼等人的记载中，可知洪应明早年热衷于仕途功名，后来仕途不顺，晚年信奉佛道二教，潜心礼佛，故有《仙佛奇踪》与《菜根谭》之作。

【评析】

《菜根谭》是一部经典文献，囊括了中华民族几千年处世的精华。毛泽东非常喜欢读《菜根谭》，他曾说过："嚼得菜根者，百事可做。"可见这部著作的借鉴意义。本则节选自《菜根谭》，作者认为家人犯错时，不应用暴跳如雷或者漠不关心等简单、粗暴、冷漠的方式对待他们，而要用慈爱的态度冷静、妥善地对待他们的过失。"家人有过，不宜暴怒""今日不悟，俟来日再警之"等理念，提出了对待有过的家庭成员的原则和方法，充满了治家的智慧。对待家人要宽容、大度、态度温和，常怀慈爱之心，当引以为行为准则。[1]

---

[1] 参见〔明〕洪应明著、木子译注：《菜根谭》，学林出版社，2002 年 12 月第 1 版，第 270 页。

第 69 则

孝顺翁姑　如敬父母

【原文】

余每见嫁女贪恋母家富贵而忘其翁姑[1]者，其后必无好处。余家诸女，当教之孝顺翁姑，敬事丈夫，慎无重母家而轻夫家，效浇俗小家之陋习也。

——〔清〕曾国藩《曾国藩家书》

【注释】

① 翁姑：丈夫的父亲和母亲。

【译文】

每当我看见因为贪恋娘家富贵而忘记自己侍奉公婆责任的嫁女，以后必定没有好处。我们家的女儿们，应当教育她们孝顺公婆，敬侍丈夫，万万不可重娘家而轻夫家，学习庸俗之小家的陋习。

【评析】

曾国藩非常重视家教，他的书信集不仅仅是一部记录平淡家常的书信集，还是一部蕴含着为人处世、持家教子的人生智慧书，经久不衰，影响深远。曾国藩对子女要求极其严格，但不是一味督责，而是注重言传身教，感情交流，动之以情，晓之以理。文中对子女提出的“孝顺翁姑，敬事丈夫，慎无重母家而轻夫家”的要求有很强的现实意义。当今社会，婆媳关系难处是很多家庭面临的共同难题。作为女儿和作为儿媳角色不同，心理自然也会有变化。曾国藩要求本族女子对待翁姑要孝顺，不能只孝敬娘家的父母，这对于处理好婆媳关系有很好的借鉴意义。[1]

[1] 参见郑宏峰主编：《中华家训》，线装书局，2010年1月版，第689页。

第 70 则

父母是孩子最好的朋友

【原文】

亲爱的孩子，你走后第二天，就想写信，怕你嫌烦，也就罢了。可是没有一天不想你，每天清早六七点就醒，翻来覆去的睡不着，也说不出为什么。好像克利斯朵夫的母亲独自守在家里，想起孩子童年一幕幕的形象一样，我和你妈妈老是想着你二三岁到六七岁间的小故事。——这一类的话我们不知有多少可以和你说，可是不敢说，你这个年纪是一切向前往的，不愿意回顾的；我们噜哩噜苏的抖出你尿布时代的往事，会引起你的憎厌。孩子，这些我都很懂得，妈妈也懂得。只是你的一切终身会印在我们脑海中，随时随地会浮起来，象一幅幅小品图画，使我们又快乐又惆怅。

真的，你这次在家一个半月，是我们一生最愉快的时期；这幸福不知应当向谁感谢，即使我没宗教信仰，至此也不由得要谢谢上帝了！我高兴的是我又多了一个朋友；儿子变了朋友，世界上有什么事可以和这种幸福相比的！尽管将来你我之间离多别少，但我精神上至少是温暖的，不孤独的。

我相信我一定会做到不大落伍，不太冬烘，不至于惹你厌烦。也希望你不要以为我在高峰的顶尖上所想的，所见到的，比你们的不真实。年纪大的人终是往更远的前途看，许多事你们一时觉得我看得不对，日子久了，现实却给你证明我并没大错。

孩子，我从你身上得到的教训，恐怕不比你从我得到的少。尤其是近三年来，你不知使我对人生增了几许深刻的体验，我从与你相处的过程中学得了忍耐，学到了说话的技巧，学到了把感情升华！

你走后第二天，妈妈哭了，眼睛肿了两天：这叫做悲喜交集的眼泪。我们可以不用怕羞的这样告诉你，也可以不担心你憎厌而这样告诉你。人毕竟是感情的动物，偶然流露也不是可耻的事。何况母亲的眼睛永远是圣洁的，慈爱的！

——〔现代〕傅雷《傅雷家书》

【作者简介】

傅雷（1908—1966），中国翻译家。字怒安，号怒庵，江苏南汇（今属上海）人。曾留学法国。1931年回国后担任教员、编辑。20世纪30年代起开始从事文学翻译工作，对巴尔扎克研究颇深。新中国成立后任中国作协上海分会书记处书记。被法国巴尔扎克研究协会吸收为会员。译作甚丰，文笔细腻流畅。译有巴尔扎克长篇小说14部，罗曼·罗兰传记文学《贝多芬传》等3部和长篇小说《约翰·克利斯朵夫》，梅里美《嘉尔曼》，泰纳《艺术哲学》等30余部，并著有《贝多芬的作品及其精神》《傅雷家书》等。有《傅雷全集》行世。

【评析】

《傅雷家书》是傅雷及夫人写给儿子傅聪、傅敏的家信摘编，它不仅仅是家书，更是傅雷对远在万里之外的儿子的教育读本，是素质教育的经典范本，是充满着父爱的教子名篇。本则是傅雷于1954年1月30日晚在傅聪获准留学波兰时写下的信，信中傅雷与儿子真诚交流，爱子之情溢于字里行间，表达了既希望儿子茁壮成长、向外发展又不忍孩子远离身边的真情实感，体现了父亲对儿子由衷而发的真挚情感。[1]

[1] 参见傅敏编：《傅雷家书》，生活·读书·新知三联书店，1981年8月第1版，第3页。

【孝慈故事之一】

黄香暖席

东汉时期，江夏郡有个叫黄香的孩子，家中生活十分艰苦。在他九岁时，母亲就去世了。黄香非常孝顺，在母亲生病期间，小黄香一直不离左右，守护在妈妈的病床前。母亲去世以后，他对父亲更加关心、照顾，尽量让父亲少操心。

冬夜里，天气特别寒冷。那时，农户家里又没有任何取暖的设备，确实很难入睡。一天，黄香晚上读书时，感到特别冷，捧着书卷的手一会儿就冰凉冰凉的了。

他想，这么冷的天气，爸爸一定很冷，他老人家白天干了一天的活，晚上还不能好好地睡觉。想到这里，小黄香心里很不安。为了让父亲少挨冷受冻，他读完书便悄悄地走进父亲的房里，给他铺好被子，然后脱了衣服，钻进父亲的被窝里，用自己的体温，温暖了冰冷的被窝之后，才招呼父亲睡下。黄香用自己的孝敬之心，温暖了父亲的心。黄香温席的故事，就这样传开了，街坊邻居人人夸奖黄香。

夏天到了，黄香家低矮的房子显得格外闷热，而且蚊蝇很多。到了晚上，大家都在院里乘凉，尽管每人都不停地摇着手中的蒲扇，可仍觉得闷热无比。夜深了，大家也都困了，准备去睡觉，这时，大家才发现小黄香一直没有在这里。

父亲忙提高嗓门喊他：“香儿，香儿。”

“爸爸，我在这儿呢。”说着，黄香从父亲的房中走出来。满头的汗，手里还拿着一把大蒲扇。

“这么热的天，你在干什么呢？”爸爸心疼地说。

“屋里太热，蚊子又多，我用扇子使劲一扇，蚊虫就跑了，屋子也显得凉快些，您好睡觉。”黄香说。

爸爸紧紧地搂住黄香，道：“我的好孩子，可你自己却出了一身汗呀！”

以后，黄香为了让父亲休息好，晚饭后，总是拿着扇子，把蚊蝇扇跑，扇凉父亲睡觉的床和枕头，使劳累一天的父亲能早些入睡。

有诗颂道：冬月温被暖，炎夏扇枕凉。九岁知子职，千古一黄香。[1]

[1] 参见吴苏林主编、甄艳萍编著：《三字经的教育智慧》，新疆青少年出版社，2009 年 5 月版，第 34 页。

【孝慈故事之二】

孝感动天

尧是古代传说中炎黄之后部落联盟的最高首领，他是一个圣明的领袖。为了选择德才兼备的接班人，在经过察访后，选中了舜，并把自己两个心爱的女儿娥皇和女英嫁给他。

舜的生母早亡，父亲娶了后妻生下象，象聪明而且有才能。在尧的扶持下，舜算是一步登天，富裕了起来，家族也荣耀风光。但是，舜虽然给家族带来了兴旺和荣耀，不仅没有感化家庭成员，反而更加激起父亲、继母和象的妒忌，尤其是弟弟象。有一次，象和母亲商量好，对父亲瞽叟说："家里的仓屋漏雨，你是不是叫舜去修整一下？"往常，家里的重活都是由舜去做，这次当然也不例外。

舜不知是圈套，听到父亲吩咐，舜也没有多想，就和往常一样去修仓屋。娥皇和女英见舜去修仓房，就各取了一个大竹笠给丈夫遮太阳。只是她们谁也没有想到里面有什么阴谋，这两个斗笠竟然成了舜的救命工具。舜搭好梯子爬上了仓顶，没过多久，仓房下面突然起火。

仓顶是茅草盖的，一着火，就迅猛地燃烧起来，把舜呛得无法呼吸，窒息欲死。舜急忙寻找梯子，然而，梯子却不知去向。原来，火是象放的，象在放火后立即把梯子搬走了。在这万分危急的时候，舜急中生智，把两位妻子带来遮太阳的竹笠挟在左右肋下，冒险朝下面跳去，这才保住了性命。

事后，舜虽然知道这是象和继母设下的圈套，但并不和他们计较，仍然和善如故。象却不知醒悟，依然我行我素，这一计不成，就又生一计。他和母亲商量，要父亲叫舜去修井。于是，父亲对舜说："这几天不下雨，井水较浅，你下井去把泥沙掏干净，把它再挖深一点。”舜有了上次的教训，心想，这可能又是象的诡计。但舜对父亲的安排，从来是俯首听命。舜回到房中把修井的事告诉妻子，临行时，两位妻子给舜拿来一柄短斧，并嘱咐他下井以后要多加小心。

舜下井后，没有先去掏泥沙，而是用短斧在井壁上挖了一个洞。洞刚刚挖好，便听到象在上面叫他，舜答应了一声。象知道舜的确在井里，急忙和父亲一起动手向井里推泥土和石块，想把舜压死在里面。象满心欢喜，以为大功告成，便得意洋洋地跑去接收舜的财产了。

象在舜的房里摸摸这，看看那，心想：这一切都是我的了。就在他得意忘形时，舜却从外面微笑着走进来，和蔼地看着象。象顿时大惊失色，满脸通红，连忙转身就跑。

原来，舜早就有所防备，当象在井口叫他的时候，舜答应一声之后便躲到挖好的洞里了。这口井与旁边的另一口井相通，过了一会儿，舜估计象已经走开，就从旁边那口井里爬了出来。这时，舜见象起身要跑，便叫住他。象心里羞愧，结结巴巴地说：“我今天很烦闷，只是想来看看哥哥，没有别的事。”舜微笑着，像平常一样和颜悦色地说：“你来得正好，我这里有一些事情，正想请你来帮我料理一下。”舜智慧地化解了一场尴尬。

此后，舜对父母还是一样恭敬孝顺，对弟弟还是一样亲切友爱。舜的父亲、继母和弟弟受到良心的谴责，终于弃恶从善。从此以后，一家人和睦地生活在一起。经过多年观察和考验，尧选定舜做他的继承人。舜继位后，经常去看望父亲，仍然恭恭敬敬，并封象为“诸侯”。[1]

[1] 参见张刚忍主编：《善文化宝典》，山西人民出版社，2012 年 6 月版，第 106 页。

（李俊池辑录）

教子

教子乙未春哲野製

第71则

父教子善　不遗余力

【原文】

人之居世，忽去便过，日月可爱①也，故禹不爱尺璧而爱寸阴。时过不可还，若年大不可少也。欲汝早之，未必读书，并学作人。欲令见举动之宜，观高人远节，闻一得三。志在善人，左右不可不慎，善否之要在此际也。行止与人，务在饶之。言思乃出，行详乃动，皆用情实，道理违，斯败矣。父欲令子善，唯不能煞身，其余无惜也。

——〔三国〕王脩《诫子书》

【注释】

① 日月可爱：指时间宝贵，需要珍惜。

【译文】

人生活在世上，转眼便过去了，岁月值得珍惜，所以大禹不爱尺璧财宝而爱短暂时光。时光一去不复还，就像人老后便不会再年轻一样。你要尽早明白这一点，不一定局限于读书，更要学会做人。想让你知道一举一动怎样才算合宜，留心那些高尚人士的所作所为，举一反三，要努力向善，成为一个好人。要慎言慎行，审慎交友，为善为恶往往就在一念之间，行动举止务必宽容，话想好了才说，行动考虑周密了才实施，一切都要按照实际情况，要合乎道理，违反了这些，必然会失败。父亲想让儿子学好，唯一不能做的是替他舍弃生命，其余的就没有什么可以顾惜了。

【作者简介】

王脩，生卒年不详，三国北海郡营陵（今山东潍坊市昌乐县）人，字叔治。曾附袁绍，后归曹操，任魏郡太守，后任大司农、郎中令、奉常等职。善知人，笃行义。《三国志》有传。

【评析】

本则家训选自王脩的《诫子书》，是他写给在外地求学的儿子。家书中，王脩告诫孩子要珍惜人生有限的光阴，在努力读书增长知识才干的同时，要认真学习如何做人谨慎做事，做到举止有度，言出由思。本则家训特别值得肯定和借鉴的有：一是要珍惜光阴。因为时光易逝，失去就不可复得，正如人的年纪大了不能再变年轻一样。所以中国有“一寸光阴一寸金，寸金难买寸光阴”的古训。二是要向善，要学习做人。而做人最重要的是慎交择友，要和那些高人善士相来往，并善于学习，以收“闻一得三”之效。要宽以待人，“行止与人，务在饶之”，不要过于计较。要言行谨慎，“言思乃出，行详乃动”，话要想好了再说，事事要考虑周详了再做，视听言动，不仅要合情，也要合理，违背了这一原则，就要招致失败。“父欲令子善，唯不能杀身，其余无惜也。”作者这般殷殷爱子之情，溢于言表，感人至深。[1]

---

[1] 参见陈才俊主编，谷淑梅注译：《中国家训精粹》，海潮出版社，2011年7月版，第60页。

第 72 则

自幼施教　严慈兼施

【原文】

古者圣王有胎教之法：怀子三月，出居别宫，目不邪视，耳不妄听，音声滋味，以礼节之。书之玉版，藏诸金匮。生子咳喂[①]，师保固明，孝仁礼义，导习之矣。凡庶纵不能尔[②]，当及婴稚，识人颜色，知人喜怒，便加教诲，使为则为，使止则止。比及数岁，可省笞罚。

父母威严而有慈，则子女畏慎而生孝矣。吾见世间，无教而有爱，每不能然。饮食运为，恣[③]其所欲，宜诫翻奖，应诃反笑，至有识知，谓法当尔。骄慢已习，方复制之，捶挞至死而无威，忿怒日隆而增怨，逮于成长，终为败德。孔子云："少成若天性，习惯如自然。"是也。俗谚曰："教妇初来，教儿婴孩。"诚哉斯语！

——〔北齐〕颜之推《颜氏家训·教子》

【注释】

① 咳啼（haí tí）：婴儿的笑声。

② 尔：做到这样。

③ 恣：放任，放纵。

【译文】

古时候的圣王施行胎教之法：后妃怀孕三个月的时候，就搬到其他宫中居住，眼睛不看丑陋的东西，耳朵不听胡言乱语，所听音乐和所嗜饮食等，都要受到礼仪的节制。君王还把这些胎教之法写在玉版上，藏在金柜里。胎儿出生后尚在襁褓中时，就选定了太师、太保，为之讲授孝、仁、礼、义之道。普通老百姓家纵然不能做到这样，那也应在婴儿能识人脸色、知人喜怒时，就加以训导，教育他们做大人允许做的事情，不允许做的事情就不能做。这样，等到孩子长大几岁时，就可以少挨甚至是不用挨鞭笞的惩罚了。

父母对孩子既要保持一定的威信，又不能丧失慈爱，这样子女自然会尊敬谨慎从而产生孝顺之心。我见到现在有一些父母对孩子不讲教诲而一味溺爱的，往往不能如此。他们对孩子的饮食起居、言行举止过于迁就，不加管束，该批评时反而夸奖，该训斥责骂时反而一笑了之，等孩子懂事了，就会觉得行事本当如此。等孩子骄纵怠慢的习惯已经养成时，再去管教，纵使鞭打得再厉害，父母也难以树立威严了。而且父母越是愤怒，子女就越是怨恨。这样的孩子长大成人后，最终会成为品德败坏的人。孔子说："从小养成的就像天性，习惯了的也就成为自然。"就是讲的这个道理。

俗谚说："教导媳妇要在初来时，教导儿女要在婴孩时。"这话说得真是再合适不过了。

【评析】

本则家训出自《颜氏家训》，作者从古代圣明君主实行胎教说起，王室在孩子还没有出生就开始对他进行潜移默化的影响，出生后尚在幼儿期便以智、仁、礼仪教育孩子。王室如此，老百姓也应在力所能及的条件下对孩子进行训导。其中提及父母不光要有慈爱，还要有威严，不能溺爱，对孩子要从小教育，使他们养成良好的生活习惯，使之成为自然的天性，只有这样长大了才会成为一个有道德修养的人。教育孩子就如同培育树苗一样，自幼就要加以扶持和引导，使他们从小就向着正确的方向发展。不能因为孩子小，做错事情就熟视无睹、充耳不闻、置之不理，更不能"宜诫翻奖，应诃反笑"，应该及时纠正孩子的不良行为和思想，让他们懂得好坏对错，从小养成好的习惯。反之，如果因为孩子小，认为他们听不懂，理解不了，一味地听之任之、放任骄纵，等到孩子长大，一些思想和习惯已经在孩子的日常生活中扎根，再想改恐怕就很难了，或者孩子根本就接受不了，这就比儿时更难教育了。身为家长，要为孩子的将来负责任。未出生就要进行胎教，不懂事的时候要适当劝诱，等到懂事的时候则要用家长的威严和慈爱，使孩子在生活和道德作风上养成良好习惯。[1]

[1] 参见郑宏峰主编：《中华家训》，线装书局，2010年1月版，第3—4页。

第 73 则

唯以礼法齐家　不以财谋后世

【原文】

今之为后世谋者，不过广营生计以遗之。田畴连阡陌，邸肆[1]跨坊曲，粟麦盈囷[2]仓，金帛充箧笥[3]，慊慊[4]然求之犹未足，施施[5]然自以为子子孙孙累世用之莫能尽也。然不知以义方[6]训其子，以礼法齐其家，自于数十年中，勤身苦体以聚之，而子孙于时岁之间奢靡游荡以散之，反笑其祖考之愚，不知自娱，又怨其吝啬，无恩于我，而厉虐之也。始则欺绐攘窃以充其欲；不足，则立券举债于人，俟其死而偿之。观其意，惟患其考之寿也。甚者，至于有疾不疗，阴行鸩毒，亦有之矣。然则向之所以利后世者，适足以长子孙之恶，而为身祸也。

——〔宋〕司马光《家范》卷一《治家》

【注释】

① 邸肆：即邸店，古代兼具货栈、商店、客舍性质的处所。

② 囷：古代一种圆形的谷仓。

③ 箧笥（sì）：藏物的竹器。

④ 慊慊（qìan）：不满足的样子。

⑤ 施施：喜悦自得的样子。

⑥ 义方：立身行事，做人道理。

【译文】

如今为子孙后代谋划打算的人，只不过是谋求财产以遗留给子孙。他们已经有田地连成片，店铺跨街坊，粮食装满仓，金银绸布堆满箱，这么丰足了还嫌不够，还是一味地谋求，自认为这样子孙世代都用不完，十分得意。但是他们不知道对子女应以立身行事、用做人道理教育子孙，用礼仪法度整治家庭，一辈子辛苦积聚资财，没多久就被子孙们挥霍一空，子孙们反过来还讥笑祖辈、父辈愚蠢，不知道自己享受；又埋怨他们吝啬，对自己太严厉。开始是用欺骗偷窃的办法获得钱财以满足自己的欲望；满足不了时，就立下字据向别人借贷钱物，等待祖辈、父辈死后再偿还债主。看他们的样子，是唯恐祖辈、父辈长寿；更甚者，乃至长辈有病也不给医治，暗中下毒的事情也常发生。这些人开初是想为后代造福，结果则适得其反，不但助长了子孙的罪孽，还祸及自身。

【评析】

司马光在本则家训中指出，积聚资财留给子孙，自以为可以使子孙世代富有，其结果往往事与愿违，反而养成子孙骄奢淫逸的恶习，甚至危及自身。他指出必须“以义方训其子”。本则家训提醒做父母的要时刻意识到：留给子女，重要的不是资财，而应该是胜过资财的更美好的东西，特别是高尚的品德。[1]

[1] 参见夏家善主编：《温公家范》，天津古籍出版社，1995年12月版，第25页。

第 74 则

教子至要　积学积善

【原文】

人生至乐，无如读书；至要，无如教子。

父子之间，不可溺于小慈。自小律之以威，绳之以礼，则长无不肖之悔。

教子有五：导其性，广其志，养其才，鼓其气，攻其病，废一不可。

养子弟如养芝兰，既积学以培植之，又积善以滋润之。

人家子弟，惟可使觌德，不可使觌利。

……

士人家切勤教子弟，勿令诗书味短。

孟子以惰其四支为一不孝，为人子孙游惰①而不知学，安得不愧？

——〔宋〕家颐《教子语》

【注释】

① 游惰：游荡懒惰。

【译文】

人生最快乐的事，莫过于读书；最要紧的事情，莫过于教子。

父与子之间，不可沉溺于小小的疼爱之中。从小用威严去约束他，用礼节去纠正他，那么长大以后就没有不成器的遗憾了。

教子的原则有五条：指引他的性情，开阔他的胸襟，培养他的才干，激发他的志气，批评指责他的错误。这五条缺一不可，不可偏废。

培养子弟就如培养芝草和兰草一样：既要让他们努力学习，增长知识，又要鼓励他们积善行德，滋养身心。

人家子弟，只可以使他崇尚思想品德，不可以使他看重功名利禄。

……

读书人家一定要勤于教育子弟，不要让他们缺乏读书的兴趣。

孟子以四体不勤而不顾忌父母的养育之恩为不孝之一，如果为人子孙的只知道游手好闲而不知道学习，难道就不感到惭愧吗？

【作者简介】

家颐，生卒年不详，宋代眉州（今四川眉山市）人，字养正，著有《子家子》。

【评析】

本则家训强调读书和教子的重要性，认为读书是人生最大的乐事、教子是最重要的事，并提出了普遍遵循的原则，如“不溺小慈”“教子有五”等。在教育方法和内容上，以培育名花异草为喻，主张“积学”“积善”结合，注重社会公德和遵纪守法的教育。在做人上，倡导做一个品德高尚、有所作为的人。更重要的是，作者综合“性情、志向、才能、士气、过失”五个方面的教子重点于一体，力主把子女培养成为德才兼备的有用人才。本则家训还告诉父母要以身作则，重视对孩子的人格培养，特别重视对德育的培养。文章简单明快，看似几句教子之语，实则是对教育孩子一般规律的深刻揭示，意义深远，耐人寻味。在今天看来，这些观点仍有积极意义。[1]

[1] 参见王新龙编著：《中华家训》（卷一），中国戏剧出版社，2009 年 8 月版，第 186—187 页。

第75则

子幼必待以严　子壮无薄其爱

【原文】

人之有子，多于婴孺之时，爱忘其丑，恣其所求，恣其所为；无故叫号，不知禁止，而以罪保母；陵轹[①]同辈，不知戒约，而以咎他人；或言其不然，则曰小未可责。日渐月渍，养成其恶，此父母曲爱之过也。及其年齿渐长，爱心渐疏，微有疵失，遂成憎恶，怒摭[②]其小疵以为大恶。如遇亲故，装饰巧辞，历历陈数，断然以大不孝之名加之。而其子实无他罪，此父母妄憎之过也。爱憎之私，多先于母氏，其父若不知此理，则徇其母氏之说，牢不可解。为父者须详察此。子幼必待以严，子壮无薄其爱。

——〔宋〕袁采《袁氏世范》

【注释】

① 陵轹（lì）：欺压。

② 摭（zhí）：拾取。

【译文】

一般有孩子的人，大多在孩子小的时候，因为溺爱而忽视了孩子的坏毛病，随意满足孩子的无理要求，纵容孩子的坏行为。当孩子无缘无故地哭闹时，父母不去制止，反而怪罪保姆没有照顾好。孩子欺负了别人，父母不去批评劝说，反而怪罪别人家的孩子。如果有人指出孩子的毛病，父母就以孩子还小不懂事为借口而加以袒护。这样下去，孩子就养成了坏习惯，这全是父母溺爱的结果。等到孩子一天天长大了，父母的爱子之心没有以前那样强烈了，孩子稍微有一点过失，便引起父母极大的憎恶，并把孩子小小的缺点看成是很大的错误。遇到亲戚朋友，便夸大其词，历数孩子的过失，并武断地给孩子扣上不孝的恶名。其实孩子并没有什么罪过，这全是父母胡乱厌恶孩子所造成的。这种极端的爱憎之情大多首先从母亲那儿产生，做父亲的如果不明白这个道理，就会听信孩子母亲的话，并且不易改变。对于这一点，做父亲的必须有清醒的认识，认真分辨。孩子小时要严格要求，长大后也不应当削减对他的爱。

【评析】

本则家训主要是针对父母容易溺爱幼子，使子女慢慢滋长坏的习惯，等到子女长大，恶习形成，父母又容易吹毛求疵，薄其所爱的现象，劝告天下父母不要妄自爱憎，应该从小严格要求，不要溺爱幼子；子女长大，虽有过失，也要以爱心来感化，不要过于苛责。我们要从小给孩子一个权衡利弊的砝码，给孩子一个为人处世的标准，给孩子一个接人待物的方法，让孩子在是非明确的观念里生活，没有修饰和夸扬。同时让他感到父母在爱他的同时也在他身上寄予了某种期望，这样才有利于孩子的成长。本则家训喻理深刻，发人深省。[1]

[1] 参见王新龙编著：《中华家训》(卷二)，中国戏剧出版社，2009年8月版，第8—9页。

第 76 则

潜移默化　教子有方

【原文】

穷秀才谴责下人，至鞭扑而极矣，暂行知警，常用则玩。教儿子亦然。……儿子是天生的，不是打成的。古云，棒头出肖子[①]。不知是铜打就[②]铜器，是铁打就铁器，若把驴头打作马面，有是理否？

闭门课子[③]，非独前程远大，不见匪人[④]，是最得力。

问介："侃母高在何处？"介曰："剪发饷人，人所难到。"母曰："非也。吾观陶侃[⑤]运甓[⑥]习劳，乃知其母平日教有本也。"

——〔明〕温璜《温氏母训》

【注释】

① 肖子：成才的儿子。

② 打就：打成。

③ 课子：指对儿子进行考查、考核、督促和教育。

④ 匪人：本意是指不是亲近的人，后引申为行为不正的人。

⑤ 陶侃：东晋时人，字士行，早孤贫。为县吏，积功晋升荆州刺史。为权臣王敦所忌，调任广州刺史。苏峻叛晋，建康失守，侃帅军杀苏峻，后任荆、江二州刺史，都督八州诸事军，专制东晋上游之任。侃在广州时，朝运百甓于斋外，暮运于斋内，以励志勤力。

⑥ 甓：砖。

【译文】

穷秀才处罚下人，动用鞭棍，就已是到了极处了。然而偶尔一用还知道警惕，常用往往就不当回事了。教儿子也是如此。儿子是天生的，不是打成的。古人说，棒头出孝子。人们不知道这其实是说，是铜，就会打造成铜器；是铁，就会打造成铁器。若是想把驴头打成马面，有这个理吗？

闭门教子，不只是前程远大，遇不到品性不端良的人，才是最得力的地方。

母亲问我："晋朝陶侃的母亲高明在什么地方？"我说："剪掉自己的头发卖钱，来备饭招待客人，这是一般人很难做到的。"母亲说："不是这样的，我看陶侃搬运砖以习劳，才知道他母亲平日教子有方。"

【作者简介】

温璜（1585—1645），明代南浔（今浙江湖州市）人，原名以介，字于石，后改宝忠。璜 3 岁时，父亲去世，母亲陆氏边织边教弱子读书。璜长成有学行，至邻村私塾教书，以补家庭之用。直至 52 岁始考中举人，同年母亡故。按理这年应进京参加会试，时堂兄温体仁秉政，璜放弃应试，下帏苦读，为孝廉达 7 年之久，温体仁失势退归故里后，璜才赴京应考，得中崇祯十六年（1643）进士，以二甲及第分发州府推官，掌理一府司法。

【评析】

《温氏母训》是温璜根据母亲平时的点滴言语编订而成的，记录的是母亲的训诫之语。内容包括祖业的守成、家道的维系、女德的训言、子女的教育等。本则家训强调严管孩子要讲究方式方法，不能轻易责打孩子。单靠打不能改变儿童的素质，家长也不能指望用体罚的方法来打出孝子，必须有其他有效的管教方法。《温氏母训》认为鞭责儿子，只能"暂行知警"，偶然用这个方法来警戒他一下是可以的，但不能常用，"尝用则玩"。总的来说，温母一方面不反对向儿童施行体罚，但不主张滥用这个方法，而且讲究适时而行，有需而行，行之亦要有方。另一方面，必须使被罚儿童明白，父母打自己，是教导，是为自己好。于是有"打者爱也""打在儿身，痛在娘心"这些众所周知的俗谚。同时，从儿子的种种表现，就可以知道母亲是否教子有方、教子有本。温母陆氏这种认识和看法是颇有道理的。同样，要做好儿子必须同"孝顺"联在一起，要做好读书人必须同"勤苦"联在一起。[1]

[1] 参见陈才俊主编，谷淑梅注译：《中国家训精粹》，海潮出版社，2011 年 7 月版，第 261—268 页。

第 77 则

爱子之道　四戒四宜

【原文】

父母同负教育子女责任，今我寄旅京华，义方[1]之教，责在尔躬[2]。而妇女心性，偏爱者多，殊不知爱之不以其道，反足以害之焉。其道维何？约言之有四戒四宜：一戒晏起[3]；二戒懒惰；三戒奢华；四戒骄傲。既守四戒，又须规以四宜：一宜勤读；二宜敬师；三宜爱众；四宜慎食。以上八则，为教子之金科玉律，尔宜铭诸肺腑，时时以之教诲三子。虽仅十六字，浑括[4]无穷，尔宜细细领会，后辈之成功立业，尽在其中焉。

——〔清〕纪昀《寄内子论教子书》

【注释】

① 义方：行事应该遵守的规范和道理。古人称教子为义方之教。

② 尔躬：你自己。

③ 晏起：迟起。

④ 浑括：全部包括。

【译文】

父母应当共同担负教育子女的责任，但如今我住在京城，家庭教育的责任就落在了你一个人的身上。然而妇女心性，偏爱子女的占多数，她们哪里知道不讲原则的爱，反而会害了子女。教育子女应有哪些原则呢？简单地说有四戒四宜：一不准晚起床；二不准懒惰；三不准奢华；四不准骄傲。既要遵守四戒，又须规劝四宜：一应该勤学；二应该敬师；三宜爱众；四宜谨慎饮食。以上八条，是教育子女的金科玉律，你要牢记在心，时时刻刻用来教育三个孩子。虽然仅仅是十六个字，但已将相关道理全部包括无遗了，你应该细细领会，子女们能否成功立业，尽在其中了。

【作者简介】

纪昀（1724—1805），清代学者、文学家。字晓岚，一字春帆，直隶献县（今河北沧州市献县）人。乾隆进士，官至礼部尚书、协办大学士，谥文达，曾任《四库全书》总纂修官。纂定《四库全书总目提要》。能诗及骈文。有《纪文达公遗集》，并撰有《阅微草堂笔记》等。

【评析】

教子不仅是父亲的义务，也是母亲的责任。纪昀因常年居官在外，无法负起教育子女的责任，又深知“妇女心性，偏爱者多”的情况，所以写信给夫人说明应如何教育子女。《寄内子论教子书》中他列举了“四戒四宜”，告诉妻子不要因为溺爱孩子而纵容他们，这样反而害了他们，应该从严教育。“四戒”“四宜”的教子原则，就其内容来说，都是家庭教育的基本问题，如勤奋、俭朴、谦虚、礼貌、合群、卫生等方面，也正是读书做人和成就事业的基础，即令在现代化的今天也是不能够忽视的。[1]

[1] 参见陈才俊主编，谷淑梅注译：《中国家训精粹》，海潮出版社，2011 年 7 月版，第 291—292 页。

第 78 则

生于忧患　死于安乐

【原文】

风波之来，固自不幸，然要先论有愧无愧。如果无愧，何难坦衷[①]当之。此等世界，骨脆胆薄，一日立脚不得。尔等从未涉世，做好男子须经磨炼。生于忧患，死于安乐，千古不易之理也。孟浪[②]不可一味，愁闷何济于事？患难有患难之道，“自得”二字，正在此时理会。

——〔清〕孙奇逢《孝友堂家训》

【注释】

① 坦衷：心里坦荡。衷，内心。

② 孟浪：鲁莽、轻率。

【译文】

风波来临，本来就是很不幸的，然而首先要看看自己有愧无愧。如果心里没有愧疚，就可以平静、坦然面对。在这样的世界，如果骨头脆弱，胆子太小，一天都不能够立脚。你们从来没有接触社会，经历世事，要做个好男儿的话还得经过磨炼。生于忧患，死于安乐，这是千古不变的真理。你们不能一味轻率鲁莽，愁恼苦闷都是于事无补的。患难有患难的道理，“自得”二字，正好可以在这个时候深刻体味。

【作者简介】

孙奇逢（1584—1675），明清之际学者。字启泰，一字钟元，世称夏峰先生。直隶容城（今河北保定市容城县）人。万历举人。明亡隐居不仕。与黄宗羲、李颙并称三大儒。为学“以慎独为宗，以体认天理为要，以日用伦常为实际”。初宗陆（九渊）王（守仁），晚倾慕朱熹理学，终于成为两派的调和论者。提倡不拘门户，重深造自得。著作有：《理学宗传》《读易大旨》《四书近旨》《夏峰先生集》。

【评析】

本则家训出自孙奇逢《孝友堂家训》，是孙奇逢针对其子年纪尚幼、涉世不深情况写的一篇诫文。文中孙奇逢告诫诸子，做个好男儿，只要心中无愧，就可以坦然面对任何风波和患难。人生在世，不可能不遇到风波患难，当风波患难来临时，不要一味地愁闷，更不要躲避，要用足够的胆量，坚硬的骨头和智慧的头脑来面对，这样才有战胜的可能。为人父母，要为孩子的未来着想，孩子只有真正经历过磨难和困苦，从中体会为人处世的道理，才能顶天立地；否则，只会一事无成。“生于忧患，死于安乐”，这是战国时期孟子的名言。孙奇逢更进一步提出“自得”说，认为自得方能平衡忧患与安乐的生活。[1]

[1] 参见陈才俊主编，谷淑梅注译：《中国家训精粹》，海潮出版社，2011 年 7 月版，第 256 页。

第 79 则

用吾所长　舍吾所短

【原文】

天生吾人，才之大小不一，方向各殊；长于理工者未必长于文史，反之亦然；选择不当，遗憾一生。爱好文艺者未必真有文艺之能力，从事文艺者又未必真有对文艺之热爱；故真正成功之艺术家，往往较他种学者为尤少。凡此种种，皆宜平心静气，长期反省，终期用吾所长，舍吾所短。若蔽于热情，以为既然热爱，必然成功，即难免误入歧途。

——〔现代〕傅雷《傅雷给周宗琦的信》

【评析】

傅雷认为，兴趣是学习的第一要素。每一个人都有自己的天赋，在孩提时期，父母要善于发现孩子的天赋，并正确引导，如果逆天赋而行，那是无法取得成功的。要学生学习好，前提是他能持久而专注地学习。而要培养学生持久专注的能力，关键在于让学习充满乐趣。孔子云："知之者不如好之者，好之者不如乐之者。"按着行为科学的观点，兴趣是学习的内驱力，是认识活动的发动力，古今中外的教育家无不重视兴趣对学习的潜移默化作用。[1]

[1] 参见陶清澈主编：《名门家训》，哈尔滨出版社，2011 年 8 月版，第 268—269 页。

第80则

严父慈母 步调一致

【原文】

做父母的对子女的教育应有一致的措施。中国家庭教育素主刚柔并济。父亲往往失之过严，母亲往往失之过宽，父母所用的方法是不一致的。虽然有时相成，但流弊[①]未免太大。因为父母所施方法宽严不同，子女竟至无所适从，不能了解事理之当然。并且方法过严易失子女之爱心，过宽则易失子女之敬意。这都是父母主张不一致的弊病。

——〔现代〕陶行知《论家庭教育》

【注释】

① 流弊：指某事引起的坏作用，也指相沿下来的弊端。

【作者简介】

陶行知（1891—1946），中国教育家。原名文濬，后改知行，又改行知。安徽歙县人。1914 年毕业于金陵大学。后留学美国哥伦比亚大学。回国后，任南京高等师范学校教授、教务主任，东南大学教育科主任。1920 年任中华教育改进社总干事，推动平民教育运动。1926 年起草发表《中华教育改进社改造全国乡村教育宣言》。次年创办实验乡村师范学校（即晓庄学校）。认为“教育与政治是不能分离的，二者能同时并进，同时革新，国民革命才有基础和成功的希望”。批判地改造杜威实用主义教育学说，提出“生活即教育”“社会即学校”“教学做合一”等主张，形成“生活教育”思想体系。“九一八事变”后，组织国难教育社，创办“山海工学团”，主张采用“小先生制”，实行“即知即传”。发起组织生活教育社，1934 年出版《生活教育》半月刊。“一二·九”运动后，积极参加抗日民主运动，与沈钧儒等联名发表《团结御侮》宣言，提出教育必须为民族革命和民主革命服务。先后创办育才学校和社会大学。1945 年加入中国民主同盟，任中央常委兼教育委员会主任委员。著有《陶行知全集》（六卷）、《普及教育》（三集）等。

【评析】

对子女的教育中，伟大的教育家陶行知认为父母教育子女应当持一致的态度。父亲对子女过严，母亲对子女过宽，都不利于子女教育。过严则易失子女的爱心，过宽则易失子女的敬意。历史沿袭下来的都是严父慈母的观点，似乎这就是正确的教育孩子的方法。其实不然。因为孩子的思想和身体一样的，正处在成长发育的阶段，对于事物道理的认知，只有对和错，没有所谓的“灰色地带”，他也理解不了。所以，父母要有统一的方法和口径，否则就会让孩子模棱两可，无所适从。在《论家庭教育》中，陶行知给出了明确的教育孩子的方法，推翻了几千年的传统观念。为了教育好下一代，做家长的应该认真思考作者的教育观点，摒弃“严父慈母”的陈旧看法。本则家训开宗明义、论点鲜明；解释到位、简明扼要；道理深刻、发人深省。[1]

---

[1] 参见陈才俊主编，谷淑梅注译：《中国家训精粹》，海潮出版社，2011年7月版，第322页。

【教子故事之一】

孟母三迁　孟母断织

孟子，名柯。战国时期鲁国人（今山东境内）。三岁时父亲去世，由母亲一手抚养长大。孟子小时候很贪玩，模仿力很强。他家原来住在坟地附近，他常常玩筑坟墓或学别人哭拜的游戏。母亲认为这样不好，就把家搬到集市附近，孟子又模仿别人做生意和杀猪。孟母认为这个环境也不好，就把家搬到学堂旁边，孟子就跟着学生们学习礼节和知识。孟母认为这才是孩子应该学习的，心里很高兴，就不再搬家了。这就是历史上著名的“孟母三迁”的故事。

对于孟子的教育，孟母更是重视。除了送他上学外，还督促他学习。一天，孟子从老师那里逃学回家，孟母正在织布，看见孟子逃学，非常生气，拿起一把剪刀，就把织布机上的布匹剪断了。孟子看了很惶恐，跪在地上问原因。孟母责备他说：“你读书就像我织布一样。织布要一线一线地连成一寸，再连成一尺，再连成一丈、一匹，织完后才是有用的东西。学问也必须靠日积月累，不分昼夜勤求而来的。你如果偷懒，不好好读书，半途而废，就像这段被剪断的布匹一样变成了没有用的东西。”孟子听了母亲的教诲，深感惭愧。从此以后专心读书，发愤用功，身体力行、实践圣人的教诲，终于成为一代大儒，被后人称为“亚圣”。[1]

[1] 参见季成红、唐彩云编著：《给小学生讲国学常识》，新世界出版社，2011年12月版，第103页。

【教子故事之二】

陶侃母截发以筵宾

陶侃，晋朝浔阳人，字士行，历任广州刺史、荆州刺史等职，封长沙郡公，主管八州军政事务。他带兵果敢坚毅，善于决断。在广州时，为了励志与习劳，曾经在早晨把上百块砖搬到斋房之外，晚上又搬回房内。竹子木屑都存起来备用。陶侃常说：大禹是圣人，尚且珍惜每一寸光阴，至于一般人，应当珍惜每一分的光阴。他的母亲湛氏，是历史上著名的贤妻良母。陶家很贫寒，湛氏把纺织所得的钱，全都用来补贴家用。她教导儿子要结交比自己好的朋友，以增长学问和器量。家里虽然贫苦，但只要来了客人，她都很殷勤地招待他们，没有丝毫厌倦。有一年大雪之后，孝廉范逵到陶家投宿，陶母就撤掉自己床上的新草席，用席子的草去喂客人的马，又悄悄剪下自己的头发，卖掉之后买来酒食招待客人。范逵得知这件事之后，感叹地说：若不是这样的母亲，哪里生养得出像陶侃这样的儿子啊！[1]

[1] 参见丁华民编：《中华智谋大全集》（珍藏本），华文出版社，2010 年 4 月版，第 233 页。

【教子故事之三】

傅聪学音乐

当傅聪仅三四岁时，傅雷就在他稚嫩的心灵活动中寻找他天赋的闪光点，开始为傅聪铺筑人生之路了。起先，傅雷曾让傅聪学习美术，因为傅雷觉得自己精通美术理论，又有许多朋友是中国画坛巨匠，如果傅聪能拜他们为师，博采百家之长，定会在绘画上大有作为。谁知傅聪不是绘画的料，他在学画时心不在焉，那些习作几乎都是鬼画桃符，信笔涂鸦，丝毫没有显露出预期的那种美术天赋。而与此同时，傅聪的一些细微爱好则引起了傅雷的注意。他发现儿子钟情于家里的那架手摇留声机，每当留声机播放音乐唱片时，儿子总是一动不动地依在旁边静静地听，而每当此时小男孩那固有的调皮好动的天性即一扫而光。于是傅雷果断地让傅聪放弃学画而改学钢琴，此时傅聪已 7 岁半了。但傅聪的每一个细胞好像都是为音乐而存在的，他学琴仅几个月，就能背对钢琴听出每个琴键的绝对音高。启蒙老师雷垣教授肯定傅聪“有一对音乐的耳朵”。在傅雷的精心教育之下，傅聪脱颖而出。19 岁那年夏天，经过选拔，傅聪前往罗马尼亚，去参加第四届国际青年学生和平友好联欢节钢琴比赛，获钢琴演奏三等奖。21 岁时，他又参加了第五届肖邦国际钢琴比赛，获三等奖，震惊了中外乐坛。[1]

[1] 参见陶清澈主编：《名门家训》，哈尔滨出版社，2011 年 8 月版，第 268—269 页。

（王丹林辑录）

和敬

和敬
乙未春哲野製

第81则

——天地和则万物生　君臣和则国家平——

【原文】

《传》[1]称师克在和不在众。此言天地和则万物生，君臣和则国家平，九族[2]和则动得所求、静得所安。是以圣人守和，以存以亡也。吾，楚国之小子耳[3]，而早丧所天[4]，为二兄所诱养[5]，使其性行不随禄利以堕。今但贫耳，贫非人患，惟和为贵，汝其勉之！

——〔三国〕向朗《全三国文·遗言戒子》

【注释】

①《传》:《左传》。

② 九族：指从自己往上推到父、祖、曾祖、高祖四代，往下推到子、孙、曾孙、玄孙四代，连同自己一代，共为九族。也有一说为父族四、母族三、妻族二，合为九族。这里泛指所有的亲族。

③ 吾，楚国之小子耳：向朗为襄阳宜城人，此地古时属楚国。

④ 天：指所依存的人或物，旧时以之为君父或夫的代称。此处指父亲。
⑤ 诱养：教导、抚养。

【译文】

《左传》中说，军队克敌制胜在于精诚团结，而不在于兵力众多。也就是说天地和顺则万物滋生，君臣和洽则国家太平，九族和睦则动可以得到所求、静可以相安无事。所以圣人信守和谐，用和来处理存亡问题。我原本只是楚国的一个小人物，父亲早丧，是两位兄长抚养教导，使我的性情品行不曾因功名利禄而堕落。现在不过是贫穷而已，贫穷不是人的灾祸，只有和顺团结才是最宝贵的，你等应该以此为勉！

【作者简介】

向朗（约 167—247），字巨达，襄阳郡宜城县（今湖北襄阳市属宜城市）人，三国时期蜀汉官员、藏书家、学者。早年师从司马徽，后随刘备入蜀，仕于蜀汉。历任巴西、牂牁、房陵太守，后拜步兵校尉，领丞相长史，随诸葛亮北伐。曾因包庇马谡被免职。后为光禄勋，转左将军、特进，封显明亭侯。曾代理丞相册封张皇后及太子刘璿。晚年专心研究典籍，教导青年学习，家中藏书丰富，颇受敬重。

【评析】

“和”是中国古代的核心思想之一，被视为圣贤之道。本则讲述守“和”之义。三国时期是我国历史上的乱世之一，世事纷争，你争我斗，尔虞我诈。有鉴于此，向朗提出，人生立于世间，应当追求的，不在于功名利禄，而在于和顺团结。天地如此，国家如此，家庭亦如此。风调雨顺、四季调和，万物才能生长；君臣和谐，天下才能太平，政治才能清明；家族和睦，才能心想事成、安居乐业。个人的成功得益于家庭、团队的精诚团结，上下一心，齐心协力，密切配合。向朗父亲早丧后依靠兄弟相携，和顺团结，养成他不为富贵名禄所累、安贫乐道、注重德行的品性，终为世人所敬重。向朗的儿子向条遵照父训，后官至御史中丞。[1]

[1] 参见王新龙编著：《中华家训》（卷一），上海社会科学院出版社，2009年8月出版，第114页。

第82则

兄弟同心　其利断金

【原文】

夫兄弟至亲，一体而分，同气异息。《诗》[①]云："凡今之人，莫如兄弟。"又云："兄弟阋于墙，外御其侮。"言兄弟同休戚，不可与他人议之也。若己之兄弟且不能爱，何况他人？己不爱人，人谁爱己？人皆莫之爱，而患难不至者，未之有也。《诗》云"毋独斯畏"，此之谓也。兄弟，手足也。今有人断其左足以益右手，庸[②]何利乎？虺[③]一身两口，争食相龁[④]，遂相杀也。争利而相害，何异于虺乎？

——〔北宋〕司马光《家范》卷七《兄、弟、姑姊妹、夫》

【注释】

①《诗》：即《诗经》，是我国第一部诗歌总集，收集了自西周初年至春秋中叶500多年间的诗歌305篇。

② 庸：难道。

③ 虺（huǐ）：传说中龙的一种，以蛇的形状想象出来的，常在水中。

④ 龁（hé）：咬。

【译文】

兄弟之间至亲至爱，同气连枝，同气异息。《诗经》说："现在的人，都不如兄弟间如此亲密。"又说："兄弟在家里虽然有矛盾，但在外边却能共同抵御敌人。"这说的是兄弟之间能够同欢乐、共患难，不能和他人相提并论。如果连自己的兄弟都不能去爱，又怎么能去爱他人呢？你不爱他人，他人又怎么会爱你呢？人人都不喜爱你，你想没有祸患和灾难，这是从来没有的。《诗经》说"怕的就是只有你一个人"，指的就是这个意思。兄弟如同手足。如果有人砍断他的左脚来延长他的右手，这有什么好处呢？虺有一个身子两张嘴，争食相咬，于是自相残杀杀死了自己。如果兄弟之间为了各自的利益而互相残害，这跟虺又有什么差别呢？

【评析】

司马光在《家范》卷七《兄、弟、姑姊妹、夫》中告诫，手足情深，同气一体，兄弟是世上最亲密的人。爱己才能及人，如果自己的兄弟都不爱，如何谈得上去爱别人？不爱别人，别人又如何爱你？失去兄弟情义，没有兄弟间的同欢乐共患难，遇到祸患的时候又如何相携前行？如果因为争财夺物造成兄弟相残、骨肉相离，不仅和虺没有什么区别，到头来只会落得被世人唾弃的结局。"兄弟同心，其利断金"，是千百年来颠扑不破的道理。[1]

[1] 参见魏舒婷编著：《传统家训》，黄山书社，2012年6月版，第17页。

第83则

家和则兴　失和则败

【原文】

庭坚自总角[1]读书，及有知识迄今，四十年时态。历览谛见润屋封君巨姓、豪右衣冠世族，金珠满堂。不数年间，复过之，特见废田不耕，空囷不给。又数年复见之，有缧绁[2]于公庭者，有荷担而倦于行路者。问之曰："君家曩时[3]蕃衍盛大，何贫贱如是之速耶？"有应于予曰："嗟乎！吾高祖起自忧勤，噍类[4]数口，叔兄慈事，弟侄恭顺。为人子者告其母曰：'无以为争，无以小事为仇。'使我兄叔之和也。为人夫者告其妻曰：'无以猜忌为心，无以有无为怀。'使我弟侄之和也。于是共卮[5]而食，共堂而燕[6]，共库而泉，共廪而粟。寒而衣，其布同也；出而游，其车同也。下奉以义，上谦以仁。众母如一母，众儿如一儿。无尔我之辨，无多寡之嫌，无私贪之欲，无横费之财。仓箱共目而敛之，金帛共力而收之。故官私皆治，富贵两崇。逮其子孙蕃息，妯娌众多，内言多忌，人我意殊，礼义消衰，诗书罕闻，人面狼心，星分瓜剖，处私室则包羞自食，遇识者则强曰同宗，父无争子而陷于不义，夫无贤妇而陷于不仁，所志者小而失者大。至于危坐孤立，遗害不相维持，此所以速于苦也。”庭坚闻而泣曰：“家之不齐，遂至如是之甚，可志此以为吾族之鉴。”

——〔宋〕黄庭坚《家诫》

【注释】

① 总角：古代男女还未成年时束发为两个结，形状像两个角，因此，“总角”借指童年。

② 缧绁（léi xiè）：捆绑犯人的黑绳索，意指牢狱。

③ 曩（nǎng）时：往时。

④ 噍（jiào）类：噍指吃东西。噍类是指活着的人。

⑤ 卮（zhī）：古代酒器。

⑥ 燕：通“宴”。

【译文】

我从小时候开始读书到现在有知识，已经40年了，这期间亲眼目睹了那些豪门贵胄、高官厚禄的世族，金珠满堂。几年之后再路过的时候，只见田地废弃无人耕种，仓库空空荡荡无法供应粮食；又过几年再看到的时候，有的人进了牢狱，有的人肩挑着担子在路上疲惫行走。我问他们：“你们家族兴盛的时候非常繁华热闹，怎么就贫贱衰落得如此之快啊？”有的人回答我说：“唉！我们家高祖发家来自于忧劳勤奋，数口人生活在一起，伯叔兄长慈祥仁爱，弟弟侄子恭敬孝顺。做儿子的告诉母亲：‘不要去争执，不要因为小事结为仇敌。’这就使得我们叔辈兄弟能和睦相处。

做丈夫的告诉妻子：'不要有猜忌的心思，不要因为有无而介怀。'这就使得弟弟侄儿之辈能够和睦相处。于是一家人能够同锅吃饭同杯饮酒，能够在一个厅堂里宴乐，能够把钱财放在同一个仓库，能够把粮食放在一个仓廪。天冷的时候穿的衣服是同样的布料，出门游玩乘坐同样的车子。晚辈以孝义之道奉伺长辈，长辈以谦和仁爱之心对待晚辈。大家就像一个母亲所生、一人的子女那样亲密。没有你我之分，没有多少之嫌，没有私心贪欲，没有浪费钱财。仓库和衣箱都是共同监督收藏，钱财都是大家共同劳动而得来的。所以能够公私兼顾，富贵双收。等到子孙繁衍、妯娌众多的时候，家里说话忌讳越来越多，人与人之间意见相殊，礼义之道消减衰亡，极少听到读《诗》《书》的声音，人面狼心，大家庭四分五裂，都在自家屋室开起小灶，见到有智识名望的就硬说是本家同宗。父亲因为没有规劝自己的儿子而变得无义，丈夫因为没有规劝自己的妻子而变得不仁，所在乎的是细小浅薄的东西而失去了大义，以至于各自孤立，灾害到来的时候不能相互携持，这就是我们这么快速衰败的原因。"我听着这些话不禁为之流泪，说："家庭如果不齐心，最终会沦落至如此地步，应该记下来以作为我们家族的借鉴。"

【作者简介】

黄庭坚（1045—1105），字鲁直，号山谷道人，晚号涪翁，又称豫章黄先生。洪州分宁（今江西九江市修水县）人。北宋著名文学家、书法家、诗人，为盛极一时的江西诗派开山之祖，与杜甫、陈师道和陈与义素有"一祖三宗"（黄庭坚为其中一宗）之称。与张耒、晁补之、秦观游学于苏轼门下，合称为"苏门四学士"。生前与苏轼齐名，世称"苏黄"。治平四年（1067）进士，历官叶县县尉、北京国子监教授、校书郎、著作佐郎、秘书丞、涪州别驾、黔州安置等。

【评析】

黄庭坚在《家诫》中以自己的亲身所闻所见告诫家人："家和则兴，失和则败。"纵使是家有万贯，金玉满堂，因为家庭失和，在十数年间就会导致家道中落，子孙有的银铛入狱，有的贫贱流离。如何兴家？在于晚辈孝顺、长辈和谦、叔兄慈爱、弟侄恭顺，一家人没有私心，亲密无间，和睦相处。如何败家？在于相互猜忌，暗藏私心，为了争小利而失去了大义，家庭分崩离析。家和才能万事兴，黄庭坚的告诫对世人来说应该共勉信守。[1]

[1] 参见陈才俊主编，谷淑梅注译：《中国家训精粹》，海潮出版社，2011年7月版，第196—197页。

第 84 则

和家之要　求同存异

【原文】

人之至亲，莫过于父子兄弟。而父子兄弟有不和者，父子或因于责善，兄弟或因于争财。有不因责善、争财而不和者，世人见其不和，或就其中分别是非而莫名其由。盖人之性，或宽缓，或褊急，或刚暴，或柔懦，或严重，或轻薄，或持检，或放纵，或喜闲静，或喜纷拏，或所见者小，或所见者大，所禀自是不同。父必欲子之性合于己，子之性未必然；兄必欲弟之性合于己，弟之性未必然。其性不可得而合，则其言行亦不可得而合。此父子兄弟不和之根源也。况凡临事之际，一以为是，一以为非；一以为当先，一以为当后，一以为宜急，一以为宜缓，其不齐如此。若互欲同于己，必致于争论。争论不胜，至于再三，至于十数，则不和之情自兹而启，或至于终身失欢。若悉悟此理，为父兄者，通情于子弟，而不责子弟之同于己；为子弟者，仰承于父兄，而不望父兄惟己之听。则处事之际，必相和协，无乖争之患。孔子曰："事父母，几谏，见志不从，又敬不违，劳而不怨。"此圣人教人和家之要术也，宜孰思之。

——〔宋〕袁采《袁氏世范·睦亲》

【译文】

纷繁世人当中最亲密的人，莫过于父子和兄弟。然而，父子与兄弟有相处不融洽、不和睦的。父与子之间，或者因为父亲对孩子求全责备，要求太过苛刻；兄与弟之间，或者因为相互争夺家产财物。有的父子、兄弟之间并没有求全责备、争夺财产，却很不和睦，周围的人看见他们不和，想从不和中分辨是非，最终仍找不到有说服力的理由。大概人的性情，有的宽容缓和，有的偏颇急躁，有的刚戾粗暴，有的柔弱怛怯，有的严肃庄重，有的轻浮浅薄，有的克制检点，有的放肆纵情，有的喜欢闲雅恬静，有的喜欢纷纷扰扰，有的识见短浅，有的识见广博，禀性气质各有不同。父亲如果一定要强迫子女合于自己的脾性，而子女的脾性未必和父亲一样；兄长如果一定要强迫自己的弟弟合于自己的性格，而弟弟的性格也未必如此。脾性性格做不到相合，那么言语与行动也不可能相合。这就是父与子、兄与弟不和睦的最根本的原因。何况当面临一件事情的时候，一方认为是正确的，一方认为是错误的；一方认为应当先做，一方认为应当后做；一方认为应该急着处理，一方认为应该缓一缓，观点各不相同至如此。如果彼此都想要对方和自己的性格、脾气、观点相同，必然会导致争吵与辩论。争吵、辩论不分胜负，以至于三番五次，更至于十次八次，那么不和之情自此就会产生，有的竟到了终其一生都不能和睦相处的地步。如果大家都能领悟到这个道理，做父亲和兄长的对子女与弟弟通情达理，并且不苛责子女、弟弟与自己相同；做子女和弟弟的，恭敬地追随着父兄，而不期望父兄只听从于自己。那么在处理事情的时候，必定相互和谐，没有乖张争论的祸患。孔子说："对待父母，屡次婉言劝谏，看到自己的意见不被采纳，还必须恭恭敬敬，不违背父母，做事的时候仍然无怨无悔。"这就是圣人教给人们和家的最重要的方法，我们应该认真地思考。

【评析】

本则家训告诉我们如何去维护家庭和睦。父子兄弟虽然是世间最亲密的人，但毕竟是不同的个体，各有各的脾气秉性，看待事物各有各的看法。如果父亲硬是要求儿子跟自己一个性情脾气，对待事物和自己一个看法，做兄长的也同样要求，反之作为儿子、弟弟的对父亲、哥哥也是如此，那么就会造成彼此的隔阂矛盾，甚至一辈子都不能和睦相处。人各有不同，只要不违背原则，不违反道德、法律，就应当允许家庭成员各有各的脾气秉性，不苛责家人与己相同，随性相敬，是维护家庭和睦的相处之道。[1]

[1] 参见王新龙编著：《中华家训》（卷二），中国戏剧出版社，2009 年 8 月版，第 1—2 页。

第85则

骨肉亲情　同枝连气

【原文】

骨肉天亲，同枝连气，凡利害休戚，当死生相维持。若因财产致争，便相视如仇敌，及遭死丧患难，反面不相顾，甚于路人，祖宗有灵，岂忍见此。良心灭绝，马牛而襟裾[①]。人祸天刑，其应如响。愿子孙以此言殷鉴[②]。

——〔明〕庞尚鹏《庞氏家训·崇厚德》

【注释】

① 马牛而襟裾（jīn jū）：唐韩愈《符读书城南》诗云："潢潦无根源，朝满夕已除。人不通古今，马牛而襟裾。"意思是马和牛穿着人的衣服，后多借喻为衣冠禽兽。

② 殷鉴：出自于《诗经·大雅·荡之什》："殷鉴不远，在夏后之世。"本意是指殷灭夏，殷的后代应该以夏的灭亡为借鉴。后来泛指用以鉴戒的前事。

【译文】

骨肉亲情是天生的，同枝连气，凡是利害休戚相关的事情，都要生死相助、相互扶持。如果因为财产造成争斗，便相互之间视若仇敌，即使碰到亲人去世、生死患难之事，还是不管不顾，甚至连路人都不如，祖宗如果有灵，岂能容忍见到这样的事情。亲情良心灭绝，这和衣冠禽兽有什么区别，人祸和天刑就会随时降临到他的身上。希望子孙们要以此为鉴戒。

【评析】

中国人最为看重骨肉亲情。当碰到灾害困难的时候，亲人之间伸出援手，相互帮助、鼓励、安慰，是最为珍贵的。碰到生死患难的时候，亲情都不援助，那就连禽兽都不如。如果因为财产争斗，亲情割裂，形同路人，也就辜负了“骨肉天亲，同枝连气”。现代社会由于生活压力大，或者与父母、亲戚相隔较远，造成亲情冷漠。更有甚者，因为财产分割对簿公堂，彼此仇视，亲情尽丧，这都有悖人伦。重视骨肉亲情，是本则家训蕴含之义，也是我们立于世间的应有之义。[1]

[1] 参见魏舒婷编著：《传统家训》，黄山书社，2012 年 6 月版，第 18 页。

第86则

勤敬兴家　和敬为本

【原文】

初三日接上谕廷寄，余得赏三品顶戴，现具折谢恩，寄谕并折寄回。余居母丧，并未在家守制，清夜自思，局促不安。若仗皇上天威，江面渐次肃清，即当奏明回籍，事父祭母，稍尽人子之心。诸弟及儿侄辈，务宜体我寸心，于父亲饮食起居，十分检点，无稍疏忽；于母亲祭品礼仪，必洁必诚；于叔父处敬爱兼至，无稍隔阂。兄弟姒娣①，总不可有半点不和之气。凡一家之中，勤敬二字，能守得几分，未有不兴；若全无一分，无有不败。和字能守得几分，未有不兴；不和，未有不败者。诸弟试在乡间，将此三字于族候戚人家，历历险（验）之，必以吾言为不谬也。

——〔清〕曾国藩《曾国藩家书·治家篇》

【注释】

① 姒娣：姑嫂。

【译文】

初三日接到廷寄来的皇上谕旨，赏赐给我三品顶戴，现在写奏折谢皇上恩典，并将圣谕和奏折寄回去。我正在服母丧，并没有在家里守制，夜深人静的时候，自己想起来，颇感局促不安。如果仰仗皇上的天威，江面上的敌人逐渐被肃清，我将马上奏明皇上回家侍奉父亲，祭奠母亲，稍尽为人之子的一点孝心。诸位弟弟和儿、侄辈，务必体谅我这一份心意，在父亲饮食起居方面，要十分检点，不要出什么疏忽不到之处。对于母亲的祭品、礼仪，一定要清洁，要诚心诚意。对叔父那边要做到敬爱双全，没有一点隔阂。兄弟姑嫂之间，不可以有半点不和睦。凡属一个家庭，勤、敬两个字，能遵守几分，便没有不兴旺的；如果一分都不遵守，没有不败落的。和字能遵守几分，也没有不兴旺的；如果不和睦没有不败落的。弟弟们试着在乡里把这三个字到家族亲戚中去一个一个验证，一定会发现我说的是没有错的。

【评析】

在本则家训中，曾国藩告诫家人要信守“勤、敬、和”三字。“勤、敬、和”是兴家之本。“和”在于家庭和睦。而要做到家庭和睦，则来自于家庭成员之间的相互尊敬，遵守一个“敬”字。如果能够做到敬重父母叔伯、兄弟姐妹、姑嫂子侄，家庭和睦又有何难。和敬能够守得几分，家庭就能兴旺几分；和敬丢失了，家庭就衰败了。曾国藩让其兄弟到宗族亲戚间去验证，看看他说的是不是有道理。其实，我们的身边人、身边事，又何尝不是已经验证了呢！家庭和谐，就能安居乐业、兴旺发达；家庭不和，只会是各自奔命，失落无助。[1]

[1] 参见〔清〕曾国藩著，雅瑟主编：《曾国藩家书大全集》，新世界出版社，2012 年 8 月版，第 129—130 页。

第87则

取人所善　与人为善

【原文】

学不长进，病坐在不虚己。以舜、禹之圣，而好察、乐善、拜善。孔子之圣，四友[①]、六侍[②]。颜子之贤，而问不能、问寡。人之取善，岂有定方。善之所在，虽路人之言，臧获[③]之智，皆当取之。取诸人乃所以与诸人也，故君子莫大乎与人为善。曲士俗学，只喜闻誉，恶闻过，遂自闭取善之门，而阻人乐告之路。德何由进？业何有修？所谓自暴自弃也。

尔等以文会友，便是进德修业之时，莫只作书生雕虫小技也。以文会友，以友辅仁，文与仁有本末，而非二事。与胜己者友，须先虚心。至听其言，与吾有未安处，宜平心思之；思之而未安，又须平心定气与之相商。惟恐我见未克，未能尽其所长，则无不收师友之益矣，便是进德修业实际功夫。

——〔清〕孙奇逢《孝友堂家训》

【注释】

① 四友：指孔子的学生颜渊、子贡、子张、子路。
② 六侍：指孔子六门徒乐欬、廉絜、叔仲会、颜何、狄黑、邦巽。
③ 臧获：古代对奴婢的贱称。

【译文】

学问没有长进，主要毛病是在于不虚心。以舜、禹的圣贤，而喜欢观察、崇善，以善为师。以孔子的圣贤，而有颜回、子贡、子张、子路四贤和六位门徒相伴。以颜回的圣贤，还向那些能力不如自己、知识比较少的人请教。学习别人的善处，哪有什么固定的方法？只要是好的，即使是路人的话，即使是奴仆的智慧，都应当向其学习。学习别人的善，目的就是给予别人善，所以君子没有比与人为善更重要的。见识短浅的粗陋之人，只喜欢听赞扬的话，不喜欢听批评和不好听的话，于是就自己关闭了取善之门，阻断了别人乐于批评指教的路子，这样品德怎么能够进益？学业怎么能够进步？无异于自暴自弃。

你们以文章学问会友，便是进德修业的好机会，不要只是拘泥于书生间切磋辞章的雕虫小技。以文章会友，以朋友来激励培养品德，文章和品德虽然有主有次，但并不是就是两回事。和比自己优秀的人为友，先虚心向其学习。听他的话，与自己的观点相左时，要平心静气想一想；如果平心静气想了还是觉得不妥当，还要平心静气和他好好商量。唯恐自己的意见不妥当，没有能够尽量吸收别人的长处。如果能够做到这样，则无处不能收到师友的教益，这便是进德修业的实际功夫。

【评析】

与人为善，关键是要看到别人的善处，敬重别人的善处。即便如舜、禹、孔子、颜回那样的圣贤，还是敬重别人的长处，不断向别人学习。要学习别人的优点，首先得有敬人之心。即使是路人，即使是知识贫乏的人，即使是阅历浅薄的人，只要说得有道理，有善处可取，那就应该认真学习。碰到和自己意见不一致的时候，要先平心静气想一想，敬重别人的意见；如果想了还是觉得不一致，也要敬重别人，平心静气和对方好好商量。只有敬重别人的优点、长处，在此基础上学习别人的优点和长处，才能在德行和学业方面有所收获。反之，只看到自己，不敬重别人，德业如何能有所成就呢？[1]

[1] 参见王新龙编著：《中华家训》（卷一），上海社会科学院出版社，2009年8月版，第55—56页。

第 88 则

友爱兄弟　和睦乡里

【原文】

友爱兄弟：兄弟分形连气，天生羽翼是他。只因娶妇便参差，弄出许多古怪。酒饭交结异姓，无端骨肉喧哗。莫为些小竞分家，百忍千秋佳话。

和睦乡邻：风俗何以近古，总在族和邻睦。三家五户要相亲，缓急大家帮衬。是非与他折散，结好不啻①朱陈②。莫恃豪富莫欺贫，有事常相问讯。

——〔清〕《韶山毛氏家训十条》

【注释】

① 啻（chì）：不只。

② 朱陈：朱陈之好。相传，朱元璋母亲为陈姓，年幼在外讨饭时又是一位陈姓大娘救过他，并认其为干娘。后来朱元璋称帝，有位衣衫褴褛、年迈老人嚷嚷着要面见皇上，遇见卫兵把守不让觐见，老人又改口说："朝廷大堂之

上坐的是我儿子。”朱元璋传旨让老人登上朝堂想看个究竟，见到是一位步履蹒跚、衣衫褴褛的老人之后，“噗通”一声跪在老妇人面前说：“是孩儿不孝，让娘受苦了！”从此朱元璋诏告天下：“朱陈一家，朱遇陈事必恭让，男遇男于友，男遇女于婚，结朱陈之好永不相背。”

【译文】

友爱兄弟：兄弟同为父母所生，关系十分密切，天生就是羽和翼的关系。因为取了媳妇便变得有所差别，弄出了一些稀奇古怪的事情。结交了一些酒肉朋友，平白无端就发生骨肉之间争吵。莫为了一些蝇头小利分家，相互忍让才能传为千秋佳话。

和睦乡邻：风俗能够更年不变，总是在于家族和睦、乡邻友好。邻居之间三家两户的都要相亲，事情有缓急，彼此之间要相互帮助。碰到是非就把它化解，结好不亚于朱陈之好。不要依仗豪富盛气凌人，也不要欺负贫弱，遇到急难之事要相互关切问询。

【作者简介】

韶山毛氏：湖南韶山毛氏家族。相传毛姓系出周文王子毛伯郑之后，世为周卿，因国为姓。根据《韶山毛氏族谱》记载，韶山毛氏祖先毛让公世代居住在浙江衢州。毛让公长子毛休北宋初为朝廷命官，出守江西吉州，全家籍入龙城。元末明初，吉州毛氏后代毛太华为避战乱，从吉水长途跋涉到云南澜沧（现云南丽江永胜境内），后娶当地少数民族女子王氏为妻，生有八个子女，其中四个儿子名为清一、清二、清三、清四。明洪武元年（1368）朱元璋定都应天（今江苏南京），建立明朝，时元将松山占据云南，拒不投降，赋税繁重，民不聊生。毛太华可能曾投明军，立有军功，于明洪武十三年（1380），携长子毛清一、四子毛清四至湘乡县城，住北门外绯紫桥。十余年后，毛太华病逝。后毛清一、毛清四迁徙至湘潭三十九都，即清朝时称为七都七甲的韶山，开种铁陂（今韶山市韶山乡铁皮村）等处的田地，编入当地民籍。后毛清一再迁至今滴水洞附近的东茅塘一带定居，毛清四仍居铁陂，韶山毛氏家族逐渐形成。毛氏家族后人英才辈出，其中就有中华人民共和国开国领袖毛泽东。

【评析】

世人都知道毛泽东，作为中华人民共和国的开国领袖，立下了何等丰功伟业，但世人很少知道毛泽东祖辈的家诫家训。节选韶山毛氏家训，主要目的是告诉世人，家族家风对于成就一代伟人起到的是潜移默化的作用。“积善之家，必有余庆”，毛泽东从儿时起受到的是友爱兄弟、和睦乡里的教育，并引以为戒，对于他的成长是十分重要的。因此，对于一个家庭来说，家风十分重要，信守友爱兄弟、和睦乡里，坚守正确的世界观、人生观、价值观，家族就能兴旺。当前，有些人家风不正，以攫取财富为荣，甚至不择手段，到头来落得个身败名裂、家破人亡，对比何等鲜明。[1]

[1] 参见毛远俊、毛崇文等编修：《韶山毛氏五修族谱》，毛氏族谱编纂委员会内部印刷，2002 年 1 月。

第89则

谦受益　和为贵

【原文】

谦受益，和为贵，是先圣先贤之格言，亦父师频为教诲，人所习知者。无论处家庭，处乡里，处友朋；无论作事求学，总以不自满足，蔼然可亲，方能有涵养与进步。

——〔民国〕冯玉祥《冯玉祥选集·冯氏族约》

【译文】

“谦受益，和为贵”，这是先圣先贤的格言，也是父辈师长屡屡教诲的，是人所周知的道理。不论处理家庭事务，还是与乡里乡亲相处，抑或是和朋友相处；不论做事求学，总是要不自满，要蔼然可亲，才能有涵养、有所进步。

【评析】

“谦和”意指谦逊平和，容易接近。谦和在中国传统价值理念中占有十分重要的地位，为圣贤所遵守，也是家庭教育、老师教育的重要内容。冯玉祥在本则家训中告诫族人，要以谦和为本，在处理家庭、邻里、朋友之间的关系时，要抱着谦和的态度；在做事求学时，也要有谦和之心，这样涵养和个人才能够进步。始终保持谦和之心，现在很多人往往难于做到。有些人，看到别人的优点长处不是虚心学习，而是妒忌记恨。有些人，不是怀着与人为善之心，而是以邻为壑，钩心斗角。回头看看，这些人并不能得到别人的尊重。始终保持敬畏之心和谦虚的精神，以和为贵，得到的才会更多。[1]

[1] 参见冯玉祥著：《冯玉祥选集》，人民出版社，1998 年 11 月版，第 395 页。

第90则

敬业敬人　方能有成

【原文】

关于你学什么的问题，在你出国以前，我曾经同你讨论过。我说，不管你将来干什么，我劝你学一门专业。因为学一门专业知识，对于你将来不论干什么工作都有好处，如果别的工作不能干，可以干自己的专业。而如果没有一门专业知识，则可能不论什么工作都难于干好。你现在学完（只要五年）你的专业，不独不会妨害你将来干别的工作，相反，只会有帮助。例如，孙中山原来是学医的，并不妨害他后来成为伟大的政治家；鲁迅原来也是学医的，并不妨害他后来成为伟大的文学家；毛主席原来是学教育的，并不妨害他成为我们党的领袖；其他这样的例子还很多。如果你是有创造才能的，你现在学完你的专业，难道会妨害你将来去干别的什么吗？不会的，只会有帮助，不会有妨害。正如孙中山、鲁迅学医，毛主席学教育，不会妨害，只会帮助他们后来成为政治家、文学家和党的领袖一样。作为一个政治家或文学家，不只是需要一门专业知识，而且要有各方面的知识，要有创造性的天才，……如果不能取得党和人民的拥护，那是任何人也不能强求的。你说你将来去当教员，那末，学好你的专业，不会妨害你去当教员，只会使你当一个更好的教员。

你在中学的时候，是闹过转学的，结果，你失败了，你还是回到了原来的学校。现在你又闹着转学，我看，你的理由是不充足的，你转学别的学科，不见得对你一定会有很多好处。但你还是可以直接提出你的要求，组织上当会考虑尽量满足你的要求。如果你要学文科的话，那末，就不必在苏联学习，回中国来学习会更好一些。

在你的来信中还表现了一种悲观的情绪，表现了一种错误的悲观的人生观。这是很不好的。青年人不应该有这种情绪。生一点病，是会好的，不应该影响情绪。你所表现的这种情绪，必须力求转变，必须对一切抱乐观的态度，否则，对于你是危险的。

你在国内的时候，不多谈话，暴露你的思想问题也不多，因此，我也无法在思想上帮助你。你到苏联以后，却写了不少的信给我。因而也就暴露了你不少的思想问题，这就很好，就有可能使我针对你的这些思想问题来帮助你一下。所以我写了好几封长信给你，并把这些信转给了大使馆党的组织，使党的组织也有可能来帮助你。对你的这种帮助表现为对你的错误思想的批评，而你是不大欢迎这种批评的，以为这种批评是说你的短，或者说是在“骂”你。这是不对的。不能把诚恳的恰如其分地指出你某种错误的批评同骂人混淆起来。骂人是对人的一种恶意的攻击，也不怎样讲究实事求是，这种毛病，我倒常见你犯过。同志式的善意的批评，则是对人的一种最好的帮助，所谓良药苦口利于病，忠言逆耳利于行，就是讲的这种批评。这是必须欢迎，而不应当拒绝的。接受这种批评，改正错误，也并不丧失什么“面子”，相反，凡是自爱的有自尊心的人，都应当欢迎这样批评。不要把正当的自尊心同保存一种虚假面子混淆起来，以为接受同志们的批评，改正错误，就丧失了自尊心。你说你已经习惯于领受这种批评，这很好。每一个人都应该习惯于虚心领受同志们的批评，这就是中国古人所说的“闻过则喜”的态度，是很好的。但不要厚着面皮，表示一种沉默的拒绝态度或者丧失自己正当的自尊心。

——〔当代〕刘少奇《1965 年 1 月 21 日写给刘允若①的信》

【注释】

① 刘允若：刘少奇的儿子。1955 年在苏联莫斯科航空学院读书，由于和同学们相处关系不好，要求转学转系。刘少奇针对刘允若暴露出来的一些思想问题，连续给他写了几封长信，进行批评教育。刘允若在刘少奇和中国驻苏联大使馆党组织的帮助和教育下，提高了认识，按国家的需要服从组织安排，勤奋学习。1960 年夏他回国工作，后加入中国共产党。在“文化大革命”中，刘允若受林彪、江青反革命集团的迫害，身残致死。

【作者简介】

刘少奇（1898—1969），谱名绍选，表字谓璜，化名胡服。1898 年 11 月 24 日生于湖南省宁乡县。1921 年赴莫斯科东方大学学习，同年参加中国共产党。新中国成立前，曾任中共湘区执行委员会委员，中华全国总工会党团书记，中共中央书记处书记和军委副主席，中共中央军委总政治部主任，中共中央工作委员会书记，世界工联副主席等职。新中国成立后，担任过人民革命军事委员会副主席，全国人大常委会委员长，中华人民共和国主席等职。1966 年“文化大革命”开始后，他受到错误的批判，并遭到林彪、江青反革命集团的政治陷害和人身摧残，于 1969 年 11 月 12 日病逝。

1980 年中共十一届五中全会作出为他恢复名誉的决定。他的主要著作收入《刘少奇选集》。

【评析】

刘少奇给儿子写的这封信，字里行间浸透着浓浓的父爱，告诉儿子要想有所成就，就要敬业、敬人。“三百六十行，行行出状元”，成事者不能这山看着那山高。就如刘少奇所说，孙中山、鲁迅学医，并不妨碍他们成为革命家、文学家；毛泽东学教育，并不妨碍他成为伟大的无产阶级革命家。如果连对自己学的东西都没有信心，整天攀比着别的行业，到头来只能荒废了自己的专长。除了敬业之外，还得“敬人”。有那么一些人，总是认为自己永远是对的，认为别人都是错的，不尊重别人，不尊重别人的意见，看自己全是优点，看别人全是缺点，对别人没有敬重之心，到头来只能被别人所厌恶。要想有所成就，敬业敬人是起点。[1]

[1] 参见鲁秋园编著：《红色家训》，江西人民出版社，2006 年 6 月版，第 97—99 页。

【和敬故事之一】

敬人一寸　还之一尺

春秋时代的信陵君贵为一国公子，却能礼贤下士，从不以富贵骄人。各方贤才争相前往归附，门下食客有三千人。他与侯嬴的交往更是传为佳话。

侯嬴是魏国隐士，年逾七十，家贫，做大梁城门的守门人。信陵君前去请侯嬴，送他厚礼，侯嬴不受。一次信陵君设下酒宴，大会宾客。众人落座后，公子带领车骑，空出上座亲自去迎接侯生。侯生身穿破衣烂服，毫不谦让，径直坐在了上座上，想要借此来观察公子的态度。信陵君亲自执辔驾车，极其恭敬。侯生又对信陵君说："我有个朋友在肉市里，希望劳驾您去拜访一下。"信陵君把车赶入市场里，侯生下车找到他的朋友朱亥，两人站在那里说了很长时间的话。侯生悄悄观察信陵君，发现信陵君非但没有生气，态度还愈加谦和。市人见此情景，都暗骂侯生。侯生面不改色，登车来到公子家。公子引侯生坐到宴席上座，向每一位宾客作介绍。宾客们对公子这种做法感到十分惊讶。在公子敬酒的时候，侯生趁机说道："我不过是一个守门人，您却亲自驾车接我，我想要成就您的美名，所以故意在众人面前为难你，这样众人都认为我是小人，而称赞你是忠厚长者了。"侯生又把他的朋友朱亥推荐给信陵君，信陵君也是以礼相待。后来，信陵君救赵时，侯嬴为他出谋划策，朱亥椎杀了晋鄙，夺得军符，解了邯郸之围。[1]

[1] 参见〔宋〕袁采著：《世范》（全译评点本），内蒙古人民出版社，1999年1月版，第252页。

【和敬故事之二】

君子和而不同

《世说新语·言语篇》记载了这样一则故事：钟毓、钟会兄弟俩小时候，一次正碰上父亲白天睡觉，于是他俩一块儿偷酒喝。他父亲当时已睡醒了，姑且假装睡着了，以看看他们怎么做。钟毓行过礼才喝，钟会只顾喝，不行礼。过了一会儿，他父亲起来问钟毓为什么行礼，钟毓说："酒是完成礼仪用的，我不敢不行礼。"又问钟会为什么不行礼，钟会说："偷酒喝本来就不合于礼，因此我不行礼。"钟毓、钟会两兄弟从小时候起，便对同一事物有不同看法。行礼与不行礼，本是截然相反的观点，兄弟二人各有自己的理由。其父分别询问了各自的理由，性不可以强合，足见他也并不希望二人观点相同。[1]

[1] 参见〔宋〕袁采著：《世范》（全译评点本），内蒙古人民出版社，1999 年 1 月版，第 8 页。

【和敬故事之三】

六尺巷的故事

清代康熙年间，张英的老家人与邻居吴家在宅基地的问题上发生了争执。因两家宅地都是祖上基业，时间久远，难以辨明，据此谁也不肯相让。双方将官司打到县衙，又因双方都是官位显赫、名门望族，县官也不敢轻易了断。于是张家人千里传书到京城求救。张英收书后批诗一首云："一纸书来只为墙，让他三尺又何妨。长城万里今犹在，不见当年秦始皇。"张家人豁然开朗，退让了三尺。吴家见状深受感动，也让出三尺，形成了一个六尺宽的巷子。张英的宽容豁达使得六尺巷的故事广为传诵，至今依然带给人不尽的思索与启示。[1]

[1] 参见卢志才、韩慧杰编著：《宽容理解》，吉林出版集团有限责任公司，2013 年 4 月版，第 48 页。

（陈旭辑录）

處世

乙未春哲野製

第 91 则

明者处世　莫尚于中

【原文】

明者处世，莫尚于中[①]。优哉游哉，与道相从。首阳[②]为拙，柳惠[③]为工。饱食安步，以仕代农。依隐玩世，诡时不逢。是故才尽者身危，好名者得华，有群者累生，孤贵者失和，遗余者不匮，自尽者无多。圣人之道，一龙一蛇。形见神藏，与物变化。随时之宜，无有常家。

——〔汉〕东方朔《诫子诗》

【注释】

① 中：中和之道。

② 首阳：山名。一称雷首山，相传为伯夷、叔齐采薇隐居处。伯夷、叔齐是商末孤竹君的两个儿子，封建社会里把他们当作抱节守志的典范。

③ 柳惠：即柳下惠（前 720—前 621），展氏，名获，字子禽，春秋时期鲁国

柳下邑（今山东平阴孝直镇展洼村）人，鲁孝公的儿子公子展的后裔。他被认为是遵守中国传统道德的典范，“坐怀不乱”的故事广为传颂。

【译文】

明智的人处世，没有不崇尚中和之道的。他们从容自在，遵循自然规律而生活。所以，像伯夷、叔齐隐居首阳山，虽然清高，却显得固执，拙于处世。而柳下惠正直敬事，不论治世乱世都不改常态，是最高明巧妙的人。他衣食饱足，安然自得，以做官治事代替隐退耕作；身在朝廷而恬淡谦退，过着如隐者般悠然的生活，虽不迎合时势，却也不会遭受祸害。人生一世，如果锋芒毕露，就会招来他人妒忌，使自己身陷险境；爱好虚名，将来得到的只是浮华；结朋树党，将会招来祸害；自命清高，将会失去众人的响应。可见凡事都要留有余地，这样才会防患于未然；那些坐吃山空的往往不会有剩余。因此，圣贤人的处世方法，有时犹如蛇一样显露在外面，有时又犹如蛟龙一般隐藏起来。行藏动静，因时制宜，神明奥妙，莫测高深。他能随着万物、时机的变化，用最合宜的处世之道，而不是固定不变，也绝不会拘泥不通。[1]

【作者简介】

东方朔（前154—前93），西汉文学家。平原厌次（今山东德州市陵县，一说今山东滨州市惠民县）人，字曼倩。少年丧失双亲，依附兄嫂，13 岁始读书，16 岁习《诗经》《尚书》，19 岁学兵法。汉武帝即位，征四方士人。

[1] 参见郑宏峰主编：《中华家训》，线装书局，2010 年 1 月版，第 406—407 页。

东方朔上书自荐，诏拜为郎。后任常侍郎、太中大夫等职。他以机智多谋、言词敏捷、幽默诙谐而著名，曾以辞赋谏武帝戒奢侈，又陈农战强国之策，但当时的皇帝始终把他当俳优看待，不委以重用。东方朔一生著述甚丰，有《答客难》《非有先生论》《封泰山》《责和氏璧》《试子诗》等，后人汇为《东方太中集》。《汉书·艺文志》杂家有《东方朔》20篇，今佚。《神异经》《海内十洲记》等书皆为托名于他的作品。后世关于他的传说很多，但多非信史。

【评析】

本则家训是东方朔写给儿子的诫子诗。东方朔以诗歌说理的方式，从中和的处世哲学出发，向儿子传授生活的哲理。东方朔为人圆通机警，故其训子也以“莫尚于中”为最高道德标准，认为只有为“中”，才能游刃有余，与“道”相从。凡事应当恰到好处即可，而人更应该顺乎时势发展而主动变化，不能一成不变。东方朔主要是告诫儿子要识时务，避祸害，虽有老于世故的一面，却是自己一生为官从政的经验总结。[1]

[1] 参见陆林主编：《中华家训大观》，安徽人民出版社，1994年8月版，第5—6页。

第 92 则

居安思危　福祸相倚

【原文】

告歆无忽：若未有异德，蒙恩甚厚，将何以报？董生有云："吊者在门，贺者在闾。"言有忧则恐惧敬事，敬事则必有善功，而福至也。又曰："贺者在门，吊者在闾。"言受福则骄奢，骄奢则祸至，故吊随而来。齐顷公之始，藉霸者之余威，轻侮诸侯，亏跂蹇之容[①]，故被鞍之祸，遁服而亡，所谓"贺者在门，吊者在闾"也。兵败师破，人皆吊之，恐惧自新，百姓爱之，诸侯皆归其所夺邑，所谓"吊者在门，贺者在闾"。今若年少，得黄门侍郎，要显处也。新拜[②]皆谢，贵人叩头，谨战战慄慄，乃可必免。

——〔汉〕刘向《戒子歆书》

【注释】

① 亏跂蹇之容：此处指嘲笑的意思。跂，多一脚趾。蹇，跛足。
② 新拜：旧时用一定的礼节授予官职。

【译文】

告诫歆不要忽视：如果没有特殊的品德，而承受了很重的恩惠，那么将怎样去报答呢？董仲舒曾经说过："吊丧的人在家门口，贺喜的人在巷里头。"这是说有忧患便会心里恐慌而做事谨慎，谨慎地做事就必定有好的功德，那么福运就会降临。他还说："贺喜的人在家门口，吊丧的人在巷里头。"这就是说贪图享受就会使人骄横奢侈，而骄横奢侈便会招来大祸降临，因此吊丧的就会随之而来。齐顷公即位之始，借助齐桓公称霸之余威，轻视欺负诸侯小国，嘲笑晋国使臣跛脚，因此遭受了大败于鞍、遁衣而逃之灾。这就是所说的"贺喜的人在家门口，而吊丧的人在巷里头"。齐顷公兵败师破，人们都为他悲伤，他能够诚惶诚恐，努力改过自新，重新赢得了百姓的爱戴，诸侯国也都把掠夺的城邑归还给他，这就是所说的"吊丧的人在家门口，贺喜的人在巷里头"。如今你还这样年轻，就做了黄门侍郎，这是重要的职位。新官初任，全要感谢贵人的提携，向贵人叩头。时刻带着恐惧感而谨慎从事，才能避免灾难。[1]

[1] 参见郑宏峰主编：《中华家训》，线装书局，2010 年 1 月版，第 407—408 页。

【作者简介】

刘向（约前 77—前 6），西汉经学家、目录学家、文学家。本名更生，字子政，沛县（今属江苏沛县）人。汉皇族楚元王（刘交）四世孙。12 岁时，其父刘德保荐他为辇郎。宣帝时，以修行德操并美，被擢为谏议大夫。汉元帝时为中垒校尉，后因权臣专政，被废十多年。汉成帝时，改名为向，任光禄大夫。河平年间，曾主持整理校勘大禄阁藏书，遍览天下之书，撰成《别录》一书，在我国目录学史上产生重大影响。又编有《楚辞》。所作辞赋 33 篇，今多亡佚，唯存《九叹》为完篇。原有集，已佚，明人辑有《刘中垒集》。另有《洪范五行传》《新序》《说苑》《列女传》等，今存。又有《五经通义》，已佚，清马国翰《玉函山房辑佚书》辑存 1 卷。

【评析】

刘向为人简易无威仪，廉靖乐道，不交结世俗。专门研习经术，昼读书传，夜观星宿，并以阴阳休咎论时政得失，语甚切直，故其训子也以忠厚、仁义为准。《戒子歆书》是刘向在其子刘歆初登仕途、出任黄门郎时写的。刘向诸子皆好学，能承父业，其中尤以刘歆最为出名。刘歆是刘向的小儿子，因受父亲的影响，从小博览群书，为人处世皆有章法，潜心于典籍整理，在其父《别录》基础上编成《七略》，在我国文化史上影响卓著。

刘歆年青时即受成帝召见，并被任为黄门郎。刘向担心刘歆少年得志，不识深浅，忘乎所以，及时写了《戒子歆书》，引董仲舒名言来说明福因祸生，祸藏于福，相互转化的道理，并举春秋时齐国齐顷公的典故加以具体说明，告诫刘歆要牢记古训，在得志时不骄傲，保持清醒头脑，小心认真从事本职工作；为人处世要谨慎低调，不因居高位而飞扬跋扈、目中无人；地位越高，名气越大，则越需要谦谨。只有谦虚谨慎、战战兢兢、如履薄冰，才能免除祸患。本则家训体现出了中国古老的智慧——“福祸相倚”的生活哲理与辩证关系，警诫的不仅是刘歆，也警惕我们自己：祸来了不必恐惧，自我劝勉，改过向善，反而是福的开始；福来了也不必喜悦过头，若不能警惕，时时检点，福也有可能转成祸。[1]

[1] 参见陆林主编：《中华家训大观》，安徽人民出版社，1994 年 8 月版，第 6—7 页。

第 93 则

谨言慎行　戒急用忍

【原文】

吾欲汝曹闻人过失，如闻父母之名，耳可得闻，口不可得言也。好论议人长短，妄是非[①]正法，此吾所大恶也，宁死不愿闻子孙有此行也。汝曹知吾恶之甚矣，所以复言者，施衿结缡[②]，申父母之戒，欲使汝曹不忘之耳。龙伯高敦厚周慎，口无择言，谦约节俭，廉公有威，吾爱之重之，愿汝曹效之。杜季良豪侠好义，忧人之忧，乐人之乐，清浊无所失[③]，父丧致客，数郡毕至，吾爱之重之，不愿汝曹效也。效伯高不得，犹为谨敕[④]之士，所谓刻鹄不成尚类鹜[⑤]者也；效季良不得，陷为天下轻薄子，所谓画虎不成反类狗者也。讫今季良尚未可知，郡将下车[⑥]辄切齿，州郡以为言，吾常为寒心，是以不愿子孙效也。

——〔汉〕马援《诫兄子严、敦书》

【注释】

① 妄是非：轻率地评论对错。

② 施衿结缡：本指古代女子出嫁，母亲将五彩丝绳和佩巾结于其身。后比喻父母对子女的教训。

③ 清浊无所失：意为诸事处置得宜。

④ 谨敕：谨慎，能约束自己的言行。

⑤ 刻鹄不成尚类鹜：指画天鹅不成，仍有些像鸭子。比喻模仿的虽然不逼真，但还能仿佛相似。鹄：天鹅。鹜：野鸭。

⑥ 下车：此处指新官到任。

【译文】

我希望你们听说了别人的过失，就像听见了父母的名字一样，耳朵可以听见，但嘴上不可以议论。喜欢议论别人的长短，胡乱评论是非和讥刺时政，这些都是我最深恶痛绝的。我宁可死，也不希望自己的子孙有这种行为。你们知道我非常厌恶这种行径，所以还再三强调，就如女儿出嫁时父母一再告诫一样，我希望你们牢牢记住、永不忘记。龙伯高为人敦厚诚实，做事周密，口无二言，谦约节俭，公廉威严，我爱戴他、敬重他，希望你们向他学习。杜季良这个人豪侠好义，有正义感，把别人的困难看成自己的困难，把别人的快乐作为自己的快乐，无论什么人都与之结交。他的父亲去世时，好多郡的人都来吊唁。我也爱戴他、敬重他，但却不希望你们效法他。因为学习龙伯高如果学得不像，还可以成为谨慎谦虚的人，仿如人们所说的雕刻天鹅不成倒还像只野鸭一般。而一旦效法杜季良不成，就很可能变成轻佻浮薄之人，宛如人们所说的画虎不成反像狗了。到现在杜季良会走到哪一步还未为可知，但郡守到任后总是切齿指责他，州郡百姓对他的意见也很大。我常常为他寒心，这就是我不希望你们效法于他的原因。[1]

【作者简介】

马援（前 14—49），东汉初扶风茂陵（今陕西咸阳市属兴平市）人。字文渊。新莽末，为新成大尹（汉中太守）。后依附割据陇西的隗嚣。继归汉光武帝刘秀，参加攻灭隗嚣的战争。建武十一年（35），任陇西太守，安定西羌。建武十七年（41），任伏波将军，攻灭交趾徵侧，封新息侯。曾以男儿当“死于边野”“马革裹尸”自誓，出征匈奴、乌桓。后在进击武陵五溪蛮时，病死军中。曾在西北养马，发展了相马法，并以铜铸为“马式”。

【评析】

马援为人严谨，生活俭约，不愿与游侠少年为伍，故他训诫子侄以敦厚、择言、节俭、廉洁为主，并主张闻言勿议，反对妄议是非等。这在当时为一般人所不能及，其家训文字对后世影响很大。建武十八年（42），光武帝因交趾徵氏谋反，于是便派马援前往镇压。在南征途中，马援得知自己的两位侄子马严、马敦与一些无赖子弟交往，很令他担忧，于是便写了这封情真意切的家书以诫之。文章出语恳切，言词之中饱含长辈对晚辈的

[1] 参见郑宏峰主编：《中华家训》，线装书局，2008 年 9 月版，第 413—414 页。

深情关怀和殷殷期待。

谨言慎行是我国古人十分注重的一种品质。在本则家训中，马援针对马严、马敦喜欢妄议别人，爱结交轻薄侠客的弱点，痛下针砭，提出要学习龙伯高，最好不要学杜季良，意在告诫侄子们做人要敦厚诚实，办事要周到谨慎，千万不要成为轻佻放荡的浮薄子弟。马援以自己平生的经验指导侄子们如何为人处世，其“刻鹄不成尚类鹜”“画虎不成反类狗”的比喻，警拔有力，发人深省，是传之千古的警句。马援的《诫兄子严、敦书》与诸葛亮的《诫子书》齐名，为后世广为传扬称颂。[1]

[1] 参见陆林主编：《中华家训大观》，安徽人民出版社，1994年8月版，第7页。

第 94 则

不拘长少　惟善是取

【原文】

不得自擅出入，与人往还。初到问先生，有合见者见之，不合见则不必往。人来相见，亦启禀然后往报之，此外不得出入一步。居处须是居敬，不得倨肆[①]惰慢。言语须要谛当，不得戏笑喧哗。凡事谦恭，不得尚气凌人，自取耻辱。

不得饮酒，荒思废业，亦恐言语差错，失己忤人，尤当深戒。不可言人过恶，及说人家长短是非。有来告者，亦勿酬答。于先生之前，尤不可说同学之短。

交游之间，尤当审择，虽是同学，亦不可无亲疏之辨。此皆当请于先生，听其所教。大凡敦厚忠信，能攻吾过者，益友也；其谄谀轻薄，傲慢亵狎[②]，导人为恶者，损友也。推此求之，亦自合见得五七分，更问以审之，百无所失矣。但恐志趣卑凡，不能克己从善，则益者不期疏而日远，损者不期近而日亲。此须痛加检点而矫革之，不可荏苒渐习，自趋小人之域。如此，则虽有贤师长，亦无救拔自家处矣。

见人嘉言善行，则敬慕而纪录之。见人好文字胜己者，则借来熟看，或传录之，而咨问之，思与之齐而后已。不拘长少，惟善是取。

——〔宋〕朱熹《朱子文集·与长子受之》

【注释】

① 倨肆：傲慢放肆。

② 亵狎：轻慢，不庄重。

【译文】

不得擅自出入，与人来往。有人初来，要请问老师，应当见的就见他，不应当见的就不必见。平时有人来跟你见面，也要启禀老师后再回复他，除此外不得出入一步。起居闲处，一定要敬重别人，不得傲慢放肆，懒惰冷淡。言语要谨慎恰当，不能嬉笑喧哗。凡事要谦虚恭敬，不得盛气凌人，免得自取耻辱。

不能饮酒，免得精神空虚，荒废学业；也怕酒后言语差错，损己伤人。这些尤其应当深深警戒。不能背后议论别人过错，言说别人的长短和是非。有人向你谈这些事，也不要回答。在老师面前，尤其不能说同学的坏话。

结交朋友，要慎重选择，即使是同师受业的，也不能没有亲疏之分。这些都应向老师请教，听从他的教诲。一般来说，待人忠厚老实，能指出自己缺点和过失的人，是可交的益友；阿谀奉承、出言轻薄、傲慢放荡、引诱人做坏事的，是不可交的损友。假如按此标准结交朋友，自己也只可看清五至七分；若能再进一步向老师请教，审慎明择，那就百无一失了。

但是我担心你志趣卑下凡庸，不能严格要求自己，不乐于接受别人正确的意见，这样益友虽不想疏远也自然而然地疏远了，损友虽不想亲近却日益亲近了。这就需严加检查约束，纠正自己的弱点；不要逐步染上这些坏习惯，使自己进入小人的圈子。如果这样，即使有贤良的师长，也不能改变自己的处境了。

看见别人有良言美行，就虚心地把它记录下来；看到别人的好文章胜过自己，就借来细看或者转录下来，向作者咨询请教，向他看齐。不论年纪大小，只要是有益的，就一定要汲取。[1]

【作者简介】

朱熹（1130—1200），南宋哲学家、教育家。字元晦，一字仲晦，号晦庵，别称紫阳。徽州婺源（今江西上饶市婺原县）人，侨寓建阳（今福建南平市属建阳市）。曾任秘阁修撰等职。主张抗金，并强调备战。师事李侗，为二程（颢、颐）四传弟子。博览群书，广注典籍，对经学、史学、文学、乐律以至自然科学均有不同程度贡献。在哲学上发展了二程关于理气关系的学说，集理学之大成，建立了一个完整的客观唯心主义的理学体系，世称程朱学派。他从事教育工作五十余年，强调启发式教学。他博览群书和精密分析的学风对后世学者很有影响。日本江户时代，“朱子学”也颇流行。著作有《四书章句集注》《周易本义》《诗集传》《楚辞集注》，及后人编纂的《晦庵先生朱文公文集》和《朱子语类》等多种。

[1] 参见王新龙主编：《中华家训》（卷一），中国戏剧出版社，2009 年 8 月版，第 126—127 页。

【评析】

朱熹为宋代理学的集大成者。他主张“存天理，灭人欲”，以及居敬穷理、学思力行、因材施教、循序渐进等教学原则和方法，这也反映在他的家教思想上。他以“穷理、正心、修己、治人”为本，从为人要“勤、谨”二字着眼，告诫其子要勤学、勤问、勤思，谨起居、谨言谈、谨交游，敦厚忠信，见善思齐等。朱熹训子之道，多合情理，为后世效仿。

《与长子受之》这篇家书是朱熹在长子出外求学临行时所写，儿子在外读书，虽不在身边，但他仍不忘教诲之责。本则家训只选取了择友和从善两个方面，意在告诫儿子如何做人。第一，在处世上，要谨于起居，谨于言谈。第二，在交友上，要选择益友，舍弃损友，避免走进“疏益友，亲损友”的小人圈，沾染恶习；还主张与人相处时，不论年纪大小，凡是有益的，一定要汲取。这两点的确是处理人际关系的重要方面。朱熹知识渊博，品行高尚，此家书是其为人、做学问的经验总结，无论待人接物处世，都对世人有着重要的借鉴意义。[1]

---

[1] 参见陆林主编：《中华家训大观》，安徽人民出版社，1994 年 8 月版，第 40 页。

第 95 则

君子坦荡荡　小人长戚戚

【原文】

处己接物，而常怀慢心、伪心、妒心、疑心者，皆自取轻辱于人，盛德[1]君子所不为也。慢心之人，自不如人，而好轻薄人。见敌己以下之人，及有求于我者，面前既不加礼，背后又窃讥笑。若能回省其身，则愧汗浃背矣。伪心之人，言语委曲，若甚相厚，而中心乃大不然。一时之间人所信慕[2]，用之再三则踪迹露见，为人所唾去矣。妒心之人，常欲我之高出于人，故闻有称道人之美者，则忿然不平，以为不然；闻人有不如人者，则欣然笑快，此何加损于人，袛厚怨耳！疑心之人，人之出言，未尝有心，而反复思绎曰："此讥我何事？此笑我何事？"则与人缔怨，常萌于此。贤者闻人讥笑，若不闻焉，此岂不省事！

——〔宋〕袁采《袁氏世范·处己》

【注释】

① 盛德：崇高的品德。

② 信慕：信奉、仰慕。

【译文】

待人接物时，如果总是怀着傲慢、虚伪、嫉妒、怀疑之心，那么都会导致别人轻视自己，品德高尚的君子是不会这么做的。有傲慢之心的人，明明自己不如人，却喜欢轻薄别人。看到地位低于自己，以及有求于自己的人，不仅当面不讲礼貌，还在背后讥笑人家。这种人如果能反省一下自身，就会惭愧得汗流浃背。怀有虚伪之心的人，言语十分委婉动听，看上去好像对别人甚为推重、待人很好，其实心里则大相径庭。这种人可能短时间内被人信任仰慕，但与他打上几次交道，他的真面目就暴露无遗，最终被人唾弃。怀有嫉妒之心的人，常常希望自己比别人强，所以听到有赞美别人好时，就忿忿然觉得不平，以为这种赞美是错误的；听到别人有什么地方不如人的，或有缺陷的，就感到欣慰，沾沾自喜。其实这种行为对别人又有什么损害，只不过徒增别人对你的怨恨罢了。疑心重的人，人们说的话，可能是随口说说，他却在心中反复思量，认为这是在讥笑他什么事情。与人结怨，往往就是由此开始的。贤明的人听到别人对自己的讥讽嘲笑，总是能泰然处之，听若未闻，这难道不是省却了许多烦恼事！[1]

[1] 参见郑宏峰主编：《中华家训》，线装书局，2010年1月版，第252页。

【评析】

袁采的《袁氏世范》分《睦亲》《处己》《治家》3 篇，从睦亲、处己、治家三方面入手，告诫世人应承欢尽养、宽以相处、和睦邻里，对人对事正直公平，忠信笃敬。并提出了父母求尽其慈，子女求尽其孝；慢、伪、妒、疑，君子不为；忠厚乃经营之本等家训思想。袁采家训，治家处世，日用常行，无所不包，事无巨细，纤悉不遗。

本则家训节录自《处己》篇。待人处世的方式方法是《袁氏世范》谈论的一个重心。袁采教导子孙在待人接物过程中，要摒除“四心”，即对朋友不能傲慢、不能虚伪、不能嫉妒、不能轻易怀疑，这也是做一个有修养的“盛德君子”的前提条件。如果不注意这些问题，不但交不到朋友，而且还会被朋友唾弃，空添仇怨。通常人们对事物所表现出的心态十分复杂，有的人对富人敬羡，对穷人则轻视，有的人甚至产生妒、疑之心，这些心态往往会影响人们待人处世的态度及行为结果。袁采强调君子处世应当光明磊落，这也与孔子所说的“君子坦荡荡，小人长戚戚”的处世要求是一致的。[1]

[1] 参见陆林主编：《中华家训大观》，安徽人民出版社，1994 年 8 月版，第 42 页。

第96则

谦逊诚实　宽厚为怀

【原文】

与人相处之道，第一要谦下诚实。同干事则勿避劳苦，同饮食则勿贪甘美，同行走则勿择好路，同寝睡则勿占床席。宁让人，勿使人让我；宁容人，勿使人容我；宁吃人亏，勿使人吃我亏；宁受人气，勿使人受我气。人有恩于我，则终身不忘；人有仇于我，则即时丢过。见人之善，则对人称扬不已；闻人之过，则绝口不对人言。有人向你说某人感你之恩，则云："他有恩于我，我无恩于他。"则感恩者闻之，其感益深。有人向你说某人恼你谤[①]你，你则云："彼与我平日最相好，岂有恼我谤我之理？"则恼我者闻之，其怨即解。人之胜似你，则敬重之，不可有傲忌之心；人之不如你，则谦待之，不可有轻贱之心。又与人相交，久而益密，则行之邦家可无怨矣。

——〔明〕杨继盛《杨忠愍集·谕子应尾、应箕书》

【注释】

① 谤：恶意攻击别人，说别人的坏话。

【译文】

与人相处的方法，最重要是谦逊诚实。一起做事就不要躲避辛苦，一起吃饭就不要专挑好吃的，一起走路就不要专选好路走，一起睡觉就不要抢占床席。宁可让他人，也不要他人让我；宁可宽容他人，也不要他人宽容我；宁可吃他人的亏，也不要让他人吃自己的亏；宁可受他人的气，也不要他人受自己的气。别人有恩于我，应当终身不忘；别人与我结怨，应当马上忘掉。见到别人的优点，要向大家称赞；听到别人的过失，决不要对别人提。有人向你说某人非常感激你的恩德，你应该说："他有恩于我，我无恩于他。"那么感恩的人听到后，会更加感激。有人向你说某人恼恨你、说你坏话，你就说："我和他平时最要好，怎么会恨我、说我坏话呢？"那么恼恨你的人听见后，他的怨恨马上就消解了。才德胜过你的人，你应该尊重他，不可以骄傲嫉妒；不如你的人，你应该谦逊对待，不可以轻视、瞧不起别人。这样与别人交往，时间长了大家就更加亲密。按照这些准则去为人处世，无论是做官还是治家，都不会与人结怨了。[1]

【作者简介】

杨继盛（1516—1555），明保定容城（今河北保定市容城县）人。字仲

[1] 参见魏舒婷编著：《传统家训》，黄山书社，2012 年 6 月版，第 174—175 页。

芳，号椒山。其母早亡，受后母虐待，生活孤苦。白天放牛，晚间访师问友，深夜秉烛长读，终于在嘉靖二十六年（1547）中进士，官至兵部员外郎。他为人正直，不畏权奸，以直谏、气节著名。其时奸相严嵩权倾朝野、误国害民，国人敢怒而不敢言，杨继盛不顾凶险，毅然上书弹劾，列举严嵩十大罪五大奸，但终因主昏政暗，被诬下狱，遭受空前的酷刑，并最终被冤杀。临刑前，杨继盛即兴赋诗一首："浩气还太虚，丹心照千古。生平未报恩，化作忠魂补。"诗成即被传诵天下。明穆宗即位后，为之平反昭雪，追谥"忠愍"。后人以继盛故宅改庙以奉，尊为城隍。代表作有《杨忠愍集》。

【评析】

杨继盛刚正不阿为世所传，其训诫子孙之言也为后人所颂。他教育子孙：为官必须正直忠厚，赤心报国；交友必须肝胆相照，光明正大；读书必须多写多作，择师择友；理家必须内外分明，勤俭朴素；冠婚丧祭，必须依照《家礼》行事，等等。杨继盛所论宽人律己的准则和居家理事之道，颇受后人推崇。

在临刑前的晚上，杨继盛已知自己必死，于狱中写下两份遗嘱，即《愚夫谕贤妻张贞》和《父椒山谕应尾应箕两儿》。后世合称为《谕妻谕儿卷》。他以为人夫、为人父的身份写就的两份遗嘱被杨氏后人悉心保护和珍藏，成为警示其家族子孙的珍贵家训。本则家训节录自《父椒山谕应尾应箕两儿》。杨继盛教诲儿子应尾、应箕，处世第一要事便是谦下诚实。待人处处要礼让三分，即使"人之不如你"，也要"谦待之"，言之谆谆，拳拳之意溢于纸上。[1]

---

[1] 参见陆林主编：《中华家训大观》，安徽人民出版社，1994年8月版，第54—55页。

第 97 则

宁人负我　无我负人

【原文】

处宗族、乡党、亲友，须言平而气和。非意相干，可以理遣。人有不及，可以情恕。若子弟僮仆与人相忤，皆当反躬自责，宁人负我，无我负人。彼悻悻然[①]怒发冲冠，讦短以求胜，是速祸也。若果横逆难堪，当思古人所遭，更有甚于此者。惟能持雅量而优容之，自足以消其狂暴之气。

——〔明〕庞尚鹏《庞氏家训 · 崇厚德》

【注释】

① 悻悻然：怨恨愤怒的样子。

【译文】

与宗族之人及乡邻亲友相处，要说话柔顺，心气平和。无意中有冒犯之处，可以凭道理来消除。人家有不到之处，可依人情加以宽恕。如果子弟仆人与别人产生矛盾，都应该反躬自责，宁可让别人有负于我，而不愿我辜负别人。如果别人愤恨不平、怒发冲冠，不肯正视自己的错误而求一时之胜，那么很快就会招来祸害。如果他蛮横不讲理使你难堪，那么应当想想古人的遭遇，还有比你更难忍受的。这样一想，也许你就能保持宽宏的气度，更加宽容对待别人，自然也可以消除他的狂暴怒气了。[1]

【评析】

庞尚鹏十分重视对子女的教育，认为“成立之难如升天，复坠之易如燎毛”，如无家长的正确引导，子孙们犹如在黑暗中摸索行路，极易误入歧途，故在他削职期间，作家训以为子孙之规范。《庞氏家训》引用儒家经典，结合祖辈及庞尚鹏自己的人生经历，对子孙进行训诫。该家训有较完整的体系，分为务本业、考岁用、遵礼度、禁奢靡、严约束、崇厚德、慎典守、端好尚等8篇。

本则家训节录自《崇厚德》篇。庞尚鹏教诲子孙在处世待人方面，要以和为贵，“让”字当先，“宁人负我，无我负人”。这是一种行为美。在与人相处的过程中，不可能不同别人发生利害关系，但只有善处，才能与人相安。只要人们在生活中能够做到宽容，不怕吃亏，那么生活中

[1] 参见郑宏峰主编：《中华家训》，线装书局，2010年1月版，第462—463页。

就会避免许多不必要的争端，人际交往中的和谐局面也可以得到维持。庞尚鹏以“崇厚德育子孙”的教诲来培养后代的道德情操，是值得肯定的。这些劝人为善、注意克己，对家人要求严格的家训，至今仍有现实意义和教育作用。[1]

[1] 参见陆林主编：《中华家训大观》，安徽人民出版社，1994 年 8 月版，第 56 页。

第98则

豁达大度　知退知让

【原文】

与人相与，须有以我容人之意，不求为人所容。颜子犯而不校，孟子三自反。此心翕聚处，不肯少动，方是真能有容。一言不如意，一事少拂心，即以声色相加，此匹夫而未尝读书者也。韩信①受辱胯下，张良②纳履桥端，此是英雄人以忍辱济事。静修③之言曰："误人最是娄师德④，何不春生未唾前？"学人当进此一步。……言语忌说尽，聪明忌露尽，好事忌占尽。不独奇福难享，造物恶盈，即此三事不留，余人便侧目矣。

——〔清〕孙奇逢《孙夏峰全集·孝友堂家规》

【注释】

① 韩信（约前231—前196）：淮阴（今江苏淮安市淮阴区）人，西汉开国功臣，中国历史上杰出的军事家，也是中国军事思想"谋战"派代表人物，被萧何

誉为“国士无双”，被后人奉为“兵仙”“战神”。

② 张良（约前250—前186）：字子房，颍川城父（今河南平顶山市宝丰县）人，秦末汉初杰出的谋士、大臣，与韩信、萧何并称为“汉初三杰”。他精通黄老之道，不留恋权位，晚年据说跟随赤松子云游。汉高祖刘邦曾评价说：“夫运筹策帷帐之中，决胜于千里之外，吾不如子房。”表现了对张良机智谋划、文韬武略的赞扬。后世敬其谋略出众，尊之为“谋圣”。

③ 静修：即曹端，明初著名学者、理学家。其学以躬行实践为务，而以存养性理为大端，对理学重要命题多有修正、发挥，被论者推为“明初理学之冠”。

④ 娄师德（630—699）：字宗仁，郑州原武（今河南新乡市原阳县）人，唐朝宰相、名将。他为人极有涵养，曾说：如有人把唾沫吐到我脸上，我就让它自己干掉。

【译文】

与人相处，必须有容纳别人的雅量，不必苛求被别人所容纳。只有这样，朋友亲友之间才能友好团结。颜回不计较他人的冒犯，孟子每日多次反省自己。像这样心情稳定，一点不受影响，才是真正的有容人之量。如果言语不如己意，事情不顺己心，就予人以严声厉色，这是没有读过书的人才会这么做。韩信能忍胯下之辱，张良能在桥头替别人穿鞋，这是忍辱负重以成大业的英雄本色。曹静修曾说：“最误人的是娄师德，为什么不教人在唾沫未吐到脸上之前就与人交好呢？”所以学子应当在这个问题上做得更好。……为人处世，说话最忌讳的是毫无保留，聪明最忌讳的是全部显露，好事最忌讳的是样样占尽。不仅意外的福气难以享受，上天也忌讳过分圆满，这三件事如果不留余地，旁人就会侧目而视了。[1]

【评析】

孙奇逢是明清之际著名的教育实践家，提出了“明道理做好人（圣人）”的教育目的，强调教育的作用是复性。他经历了明清鼎革之际的社会动荡，亲眼目睹了当时由于社会动乱而导致的许多家庭家破人亡的惨状，因此十分重视治家教子之道，曾自定《孝友堂家训》和《孝友堂家规》，以训诫诸子。他认为：“古人重蒙养正，以慎所习，使不离其性身。”“蒙养不端，待习惯成性，始思补救，难矣！”所以主张“端蒙养，是家庭第一关系事”，而教诫子弟又是“第一紧要事”。他告诫诸子要“为端人、为正士”，安贫寡欲，修德敦睦，守分谨言，克勤克俭等。孙奇逢以其名节和学问闻名于当世，故其家训思想也为后世所推崇。

本则家训节录自《孝友堂家规》，他教诲子孙“须有以我容人之意，不求为人所容”，并用颜回、孟子、韩信、张良等人的忍让故事来证明自己的观点。有度量能容人，不仅是个人修养程度的表现，也是与人相处的最起码的道德原则。对人要能做到忍让，让则无争，无争则不生怨。他还提醒子孙“言语忌说尽，聪明忌露尽，好事忌占尽”，因为物极必反，如果三者全部占尽，就会带来祸患。这些处世做人的家训在今天仍有其积极意义。[2]

---

[1] 参见谢宝耿编著：《中国家训精华》，上海社会科学院出版社，1997 年 12 月版，第 250—251 页。

[2] 参见陆林主编：《中华家训大观》，安徽人民出版社，1994 年 8 月版，第 62 页。

第 99 则

择友宜慎　明辨善恶

【原文】

尔初入世途，择交宜慎。友直，友谅，友多闻，益矣。①误交真小人，其害犹浅；误交伪君子，其祸为烈矣。盖伪君子之心，百无一同，有拗捩②者，有偏倚者，有黑如漆者，有曲如钩者，有如荆棘者，有如刀剑者，有如蜂虿者，有如狼虎者，有现冠盖形者，有现金银气者。业镜高悬，亦难照彻。缘其包藏不测，起灭无端，而回顾其形，则皆岸然道貌，非若真小人之一望可知也。并且此等外貌麟鸾③中藏鬼蜮④之人，最喜与人结交，儿其慎之。

——〔清〕纪昀《纪晓岚家书·训大儿》

【注释】

① 友直，友谅，友多闻，益矣：语出《论语·季氏》，意思是结交正直、诚

实、多有见闻的人为友，是有益的。

② 拗捩：亦作“拗戾”，指歪曲。此处指知错不改，一意孤行的人。

③ 麟鸾：古纸名，彩笺。

④ 鬼蜮：指害人的鬼和怪物。比喻阴险的人。

【译文】

你刚刚走入社会，选择朋友、与之交往应该慎重。结交正直、诚实、见多识广的人做朋友才有好处。假如误交真小人做朋友，危害还算浅；如果误交伪君子做朋友，危害就严重了。因为伪君子，一百人之中并无一个相同的：他们有的固执乖谬，有的心术不正，有的心黑如漆，有的心曲似钩，有的心如荆棘，有的心似刀剑，有的毒如蜂蝎，有的狠如虎狼，有的似官宦之士，有的似富家之人。这些各种各样的伪君子，哪怕是用能分辨善恶的明镜高悬，也难以照透他们真正的面目。因为他们包藏祸心，深不可测，始终难辩，而看他们外表，却都是道貌岸然，不像真小人似的一看就知道。并且这种外貌端正善良却心怀鬼胎的人，最喜欢和别人结交，你可千万要防备这些人啊。[1]

【评析】

纪昀性格坦率，好滑稽之举，但教子治家却极为严肃。他认为，父母皆负有教育子女的责任，爱子不以其道，反而害之。主张“教子之金科玉律”是“四戒四宜”：戒晚起、戒懒惰、戒奢华、戒骄傲；宜勤读、宜敬

[1] 参见魏舒婷编著：《传统家训》，黄山书社，2012年6月版，第169—170页。

师、宜爱众、宜慎食。这种训子之道在他诸多家书中屡屡可见。他训子思想多为处世经验之总结。

本则家训是纪昀写给儿子的家信。他在信中主要讲涉世不深的年轻人应该如何选择朋友的问题，教导儿子交友要区别好坏，更要善于发现真伪。尤其要警惕那些外表高贵、内心险恶的伪君子，并列举了各种各样伪君子的表现形态，希望儿子“慎之”。关于交友问题，历代均有不少阐述，但像纪昀这样具体入微的教诲，则很少见。青年人刚刚走向社会，涉世尚浅，如果家长不对他们进行正确的引导，往往会因交友不善而走入歧途；也可能因为涉世不深而造成终生遗憾。作为父亲，纪昀之用心可谓良苦。[1]

[1] 参见陆林主编：《中华家训大观》，安徽人民出版社，1994 年 8 月版，第 80 页。

第 100 则

取象于钱　外圆内方

【原文】

理必求真，事必求是；言必守信，行必踏实；事闲勿荒①，事繁勿慌；有言必信，无欲则刚；和若春风，肃②若秋霜；取象③于钱，外圆内方。

——〔民国〕黄炎培《给儿子黄大能的座右铭》

【注释】

① 荒：荒疏，废弃。

② 肃：严正，认真。

③ 象：形状，样子。

【译文】

做人一定要追求真理，不要被纷杂的邪说所欺骗，以至误入歧途。凡事首先要探求其内在的客观规律性，按客观实际去做。讲话应当守信用，行动应踏踏实实，不轻浮。事务清闲的时候，最容易养成慵懒的恶习，要警策自己，抓住时间，勤奋用功，切莫荒疏了学习。事务繁杂的时候，易生焦急的情绪，一急躁就容易因冲动而做出缺少理性的事来，一定要冷静沉着，切忌慌忙。说话算数就会赢得别人信任，没有私欲就会变得刚正，理直气壮。对待同志和蔼可亲，像春风一样暖人；对坏人坏事像秋霜一样凌厉。在原则是非上，应该爱憎分明，不可模棱两可。为人处世要像钱的形状外圆内方一样，外表随和，内里严正，养成谦虚谨慎的作风，不要锋芒毕露，盛气凌人。[1]

【作者简介】

黄炎培（1878—1965），中国民主革命家、教育家。字任之。江苏川沙（今属上海浦东新区）人。清末举人。1905年加入同盟会。辛亥革命后任江苏省教育司长、省教育会副会长。曾参加过讨袁运动。抗日战争时期，任国民参政会参政员，参与筹组中国民主政团同盟，为第一任主席。1945年7月访问延安，同年发起成立中国民主建国会。1949年出席全国政协第一届全体会议。后任中央人民政府委员、政务院副总理兼轻工业部长、全国

[1] 参见陈才俊主编，谷淑梅注译：《中国家训精粹》，海潮出版社，2011年7月版，第320—321页。

人大常委会副委员长、全国政协副主席、民建中央主任委员。著作有《黄炎培考察教育日记》《新大陆之教育》《东南洋之新教育》《中国教育史要》《黄海环游记》《断肠集》《蜀道》《抗战以来》《延安归来》等。

【评析】

黄炎培的五子黄大能，1916 出生于上海，是我国著名的水泥混凝土技术专家。1939 年，黄大能考上官费留学，准备到英国。临行前，黄炎培把自己平生坚守的座右铭“理必求真，事必求是，言必守信，行必踏实”重新添加了几句话，手书送给黄大能，这就是著名的 36 字箴言。对于箴言，黄大能曾解释说：“这整个座右铭是教育我怎样待人接物，其中‘取象于钱，外圆内方’八个字是指中国旧时的铜钱，中间有方孔，也就是如果认为这是真理，是绝对正确的事，就应像钱中的方孔那样方正，应该坚持，然而对人的态度，就应和若春风，也就是要‘圆’。但是这里所谓的‘圆’，却不是‘圆滑’。在原则上必须要像‘秋霜’一样的严肃，在待人处事上，则应像‘春风’那样和气。日常人际关系的矛盾，多似牛毛。如果人人都能做到‘和若春风、肃若秋霜’，则相信矛盾解决的可能性就大得多了。”

在这一座右铭中，黄炎培先生对做人、做事都提出了要求：求真理，做正事，守信用，讲认真，戒私欲，炼钢强，做个诚实正直的人。教育孩子就是要使之明理，用各种道理指导他们的行动。黄炎培的这十二句话，深刻地阐述了做人处世应具备的修养，极富教育和告诫作用。[1]

[1] 参见陆林主编：《中华家训大观》，安徽人民出版社，1994 年 8 月版，第 103—104 页。

【处世故事之一】

敬贤者　择益友

鲁国文伯的母亲敬姜博识而且知礼。一天，在外就学的文伯带着一批朋友回家，敬姜从旁仔细观察他与朋友相处时的情景，见文伯的朋友对文伯恭而敬之，唯恐礼节不周到，就如侍奉父兄长辈一样。文伯则意气扬扬，自以为成人了，处处表现得与众不同。敬姜见了，心里很不高兴。

待文伯的朋友离开后，敬姜训导儿子说："从前周武王有一次散朝时，系袜子的丝带断了，他环顾左右的人，个个都很有身份，竟找不到一个可以为他系丝带、侍奉他的下人，只好自己把丝带系好，所以他才能成王道。周公吃一顿饭都要停下三次，洗一次头也要中断三次，每次都是为着急忙去接见贤者，所以才能使周王朝兴盛。如今你小小年纪，还没有居高位，跟你交游的居然都是些只能为你打杂服役的人，这对你有什么益处呢！"

文伯听了母亲的教诲，赶紧认错。此后选择严师益友，跟那些年高德劭的贤者交往。敬姜见了，赞许儿子说："你这才是真正长大成人了！"[1]

[1] 参见陆林主编：《中华家训大观》，安徽人民出版社，1994年8月版，第579页。

【处世故事之二】

谦逊有礼　知耻后勇

春秋时，晋国的范文子（即士燮）在朝为官。一天，他很晚才从朝中回家，父亲范武子（即士会）问他：“今天怎么这么晚才回来？”范文子面带得意之色，炫耀说：“秦国今天来客人，在宫廷上出谜语给大家猜，朝中大臣都猜不出，我却猜出了三条！”范武子一听，不仅没有高兴，反而对儿子发怒道：“大臣们不是不会猜，完全是出于对客人的礼让。你小小年纪懂得什么，竟然三次在朝中逞能！”说着，拿起棍棒责打儿子，把范文子头发上的发簪都打断了。

范文子受到父亲的严厉教诫，后来果然有了转变。一次，他和郤成子一道打了胜仗凯旋而归时，范文子特意让郤成子先回国，而自己后回。其父见到后说：“你不知道我多盼望见到你，为什么到现在才回来？”范文子答道：“军队是郤成子所率，如今打了胜仗。如果我带军队先回来，人家会以为功劳是我的，把我当功臣对待，我不敢这样做。”父亲听了，高兴地夸奖儿子说：“现在你终于懂得对人要谦让了。”[1]

[1] 参见陆林主编：《中华家训大观》，安徽人民出版社，1994年8月版，第581页。

（刘丹辑录）